AF217488

GOLDMANN

Buch

»Hundeflüsterin« Maike Maja Nowak erlebt in ihrem Arbeitsalltag die unglaublichsten und anrührendsten Situationen zwischen Mensch und Hund: Da ist Dackel Benny, der pünktlich zur Tagesschau zubeißt, Antonio, verwöhnt und dadurch so überfordert, dass er sich heiser bellt, oder der furchtsame ehemalige Kettenhund Alfons, der durch seine neue Besitzerin zurück ins Leben geführt wird. Mit unnachahmlichem Einfühlungsvermögen erfasst Maike Maja Nowak die Charaktere der Hunde und ihrer Besitzer und zeichnet die genau beobachteten Wechselbeziehungen in ihren unterhaltsamen und erhellenden Fallgeschichten nach. Sie öffnet die Augen dafür, was im Zusammenleben mit einem Hund wirklich wichtig ist, vor allem aber erzählt sie von Menschen, die in ihrer Beziehung zu ihrem vierbeinigen Freund wachsen und Erfahrungen sammeln, lernen und versagen, Glück und Ohnmacht erleben. Das macht ihre tierisch menschlichen Geschichten zu einem besonderen Lesevergnügen.

Autorin

Maike Maja Nowak wurde durch ihre 17-jährige Beobachtung der sozialen Gemeinschaft von wilden Hunden und Haushunden zu ihrem Ansatz inspiriert, ohne Dressur zu arbeiten, und begründete mit vier Bestsellern eine neue Sicht auf Hunde. Nach ihrem Studium der Hundepsychologie und Verhaltenstherapie 2002 wandte sie sich bald ab von allen Inhalten der Zwangskonditionierung. Die gelehrten Inhalte unterschieden sich für sie zu stark von den Eindrücken, die sie in ihrem Zusammenleben mit zehn wilden und halbwilden Hunden in dem russischen Dorf Lipowka gemacht hatte. Von 1991 bis 1997 erlebte sie, wie Wanja, der Leithund dieser Gruppe, das zehnköpfige Rudel souverän, kompetent und freundlich durch jede Alltagssituation führte. Vorbei an freilaufenden Hunden, immer im Zusammenschluss, klärend im Verbund untereinander. Ohne Bestechung. Ohne Methode. Er führte auf natürliche Weise. Das reichte.

Außerdem von Maike Maja Nowak im Programm

Wanja und die wilden Hunde (auch als e-Book erhältlich)
Wie viel Mensch braucht ein Hund (auch als e-Book erhältlich)
Abenteuer Vertrauen (auch als e-Book erhältlich)
Der Hund als Spiegel des Menschen (auch als e-Book erhältlich)

Maike Maja Nowak

Die mit dem Hund tanzt

Tierisch menschliche Geschichten

GOLDMANN

Penguin Random House Verlagsgruppe FSC® N001967

11. Auflage
Vollständige Taschenbuchausgabe November 2012
Wilhelm Goldmann Verlag, München,
in der Penguin Random House Verlagsgruppe GmbH,
Neumarkter Str. 28, 81673 München
Copyright © 2011 Wilhelm Goldmann Verlag, München,
in der Penguin Random House Verlagsgruppe GmbH
Umschlaggestaltung: Uno Werbeagentur, München,
unter Verwendung eines Entwurfs von Eisele Grafik Design
Umschlagfoto: knut koops photography, Berlin
Autorenfoto: Simone Jacob © Kelvinfilm/Miriam Weinandi
Redaktion: Manuela Knetsch
Satz: Uhl + Massopust, Aalen
Druck und Bindung: GGP Media GmbH, Pößneck
CB · Herstellung: IH
Printed in Germany
ISBN 978-3-442-17352-5

www.goldmann-verlag.de

Inhalt

Ein Hund gehört niemandem.
Nur seine Fähigkeit zur Freundschaft
und seine Möglichkeit zu lieben
erlauben ihm
zu verschenken,
was niemandem gehört.

Maike Maja Nowak

Vorwort

Ich bin eine Zeitreisende.

Ich kenne die Zeit vor der Wende und die danach.

Ich machte mich auf Großes gefasst, als der Westen im Osten Platz nahm.

Es blieb bei einer Himmelsrichtung weniger und hundert Joghurtsorten mehr.

Ich musste vom Fortschritt in den Rückschritt reisen, um etwas zu finden, das mich Neues lehrt.

100 Jahre zurück.

In eine Welt der Jahreszeiten.

Der Ernte.

Der Handwerkszeuge.

Der gebeugten Rücken.

Des Abendstolzes.

Mit einem Flugzeug bis Moskau.

Mit einem Zug durch die Nacht in das Städtchen Sassowo.

Mit einem Klapperauto auf holprigen Straßen, die irgendwann enden.

Mit einem Pferdewagen durch den russischen Wald.

Mit einem Schlauchboot über den Fluss.

Mit den eigenen Beinen durch eine Landschaft ohne Fußweg.

Mit den Füßen durch den Sand des Dorfes Lipowka.

Zu einem großen Holzhaus.

Meinem Zuhause von 1991 bis 1997.

Im ersten Frühjahr kam Wanja.

Er schwamm durch die Schneeschmelze und das Eiswasser der Flüsse.

Ein bunt gescheckter Hund mit klugen Augen.

Ein Jäger, wie die Bauern sagten.

Ein Waldbewohner.

Er blieb bei mir.

In meinem Holzhaus.

Ihm folgten weitere Vorboten für mein Leben.

Die Hunde Alma, Anton, Felix, Laska, Bambino, Husar, Dschiko, Miloj, Baba, Diek und Wasja kamen auf wundersamen Wegen zu mir.

Wurden sie mir geschickt für eine wichtige Lektion?

Waren es seltsame Zufälle?

Ich bin froh, dass ich damals das Angebot einer Bäuerin, mir die Zukunft vorauszusagen, ungläubig ablehnte. So blieb ich weiter Liedermacherin und wusste nichts von meiner Zukunft als Hundetrainerin.

Hätte ich sonst so unbefangen beobachten können, wie Wanja das große Rudel wechselnder Hunde führte? Hätte ich die Gelassenheit besessen, KEINE Schlüsse zu ziehen und das Zusammenleben der Hunde einfach in mich aufzunehmen? Jeder Beruf setzt Ehrgeiz frei.

»Nach welcher Methode gehen Sie mit Hunden um?«, werde ich heute oft gefragt.

»Nach welcher Methode führen Sie Beziehungen?«, frage ich dann zurück.

Sicher drückt sich in der menschlichen Sehnsucht, für alles eine Methode finden zu wollen, ein Urinstinkt nach Effizienz und Kraftersparnis aus. In einigen Lebensbereichen jedoch hält uns das Suchen nach einer Methode davon ab, näher hinzusehen, zu entdecken und uns überraschen zu lassen vom eigenen Instinkt.

Auch ich musste offenbar erst einmal Methoden lernen und anwenden, um sie verwerfen zu können. Nach meinem Studium der Hundepsychologie lehrte ich zum Beispiel Leinenführigkeit in meiner Hundeschule, dem Dog-Institut, nach genau den Methoden, die die Studieninhalte bereithielten:

Wenn der Hund zieht: stehen bleiben oder die Richtung wechseln. Diese Methoden, nicht mehr von A nach B zu kommen, waren so frustrierend für Hund und Mensch, dass ich darüber nachzudenken begann, wie mein Leithund, Wanja, diese Situation gelöst hätte. Er hätte einem Hund nicht gesagt, wo er zu laufen hat, sondern, wo er gerade nicht zu laufen hat. Ich begann, den Raum zu weit vor mir einfach zum Tabu zu erklären, und plötzlich liefen die Hunde tatsächlich da, wo ich es wollte. Anfangs knurrte ich noch, wenn ich »Stopp« sagen wollte. Dann ersetzte ich dieses Geräusch mit einem menschlicheren »Scht«. Auch widerstrebte es mir immer mehr, mit Konditionierungen einen Hund zu einer Konditionierungsmaschine zu machen und letztlich seine eigene Sprache nicht zu nutzen. Ich verabschiedete mich immer mehr von menschlichen Lehrinhalten über Hundeerziehungsfragen und widmete mich vollständig der Art, wie Hunde miteinander kommunizieren und sich erziehen. Dies begann ich auf eine menschliche Handhabung zu übertragen.

»Sitz« und »Platz« verwende ich bei meinen Hunden nicht – mich interessieren einfach alle Anregungen aus der Hundewelt mehr als Ideen, die einem Kontrollzwang unterworfen sind. Hunden im sozialen Verbund ist echter Kontakt wichtig und ihre Kommunikation findet über die Wahrnehmung von Energiefeldern, über Präsenz und Körpersprache statt. Wir Menschen erfinden leblose Dressurtechniken, um den Hüte- oder Herdenschutztrieb eines Hundes kontrollieren zu können, obwohl jeder authentische Leithund und jede Hundemama vormachen, wie es ohne geht. Diese Leblosigkeit weist auf unser eigenes Seelenleben hin. Die umfassende Beziehungsfähigkeit unserer Hunde vor der Dressur ist für uns eine Chance, wieder echten Kontakt und Beziehung anzufühlen.

Ich habe erlebt, wie Wanja zehn Hunde mit einem einzigen Laut hinter sich brachte, um Konflikte mit anderen Dorfhunden zu vermeiden. Er besaß keine Methode. Er besaß kein Geheimnis – nur Sanftmut, Souveränität, Fairness und Bestimmtheit, die aus ihm ein Leitwesen machten.

Wanja und 5000 weitere Hunde, mit denen ich inzwischen arbeiten durfte, sind meine Lehrmeister für alles, was ich heute lehre. Nachdem ich mich von der Idee verabschiedet hatte, Menschen könnten mehr über Hunde wissen als ein Hund selbst, begann ich Hunde zu sehen.

Alle zeigten mir wichtige Grenzen, neue Irrtümer, Entdeckungen, Wege, und vor allem brachten sie mir bei, wach zu bleiben und sehend. Sich nicht auf Methoden festzulegen, um nicht blind zu werden gegenüber Wesen jeglicher Art und Situationen, in denen Methoden versagen. So ist dieses Buch auch kein Buch über Hundeerziehungsmethoden, sondern über Beziehungen und die Möglichkeiten, sie zu führen.

Täglich schließen mir Menschen bei meinen Hausbesuchen ihre Tür und mitunter auch ihr Herz auf. Der Schlüssel ist immer ein Hund. Das Problem ist eine fehlende gemeinsame Sprache.

Menschen stammen von Wesen ab, die sich auf die Brust schlagen und laut brüllen, wenn sie Anspruch auf einen Status erheben. Deshalb können wir nur lernen von der souveränen, freundlichen Art der Gattung Hund.

Führung darf leise sein – und neu erlernt.

Viel Spaß dabei wünscht Ihnen
Maike Maja Nowak

Nachtrag 2019: Acht Jahre sind seit dem Erscheinen meines Erstlings vergangen. Je mehr ich mich der ursprünglichen Welt der Hunde aufschloss, umso mehr eröffneten sie mir ihre, aber auch meine eigene innere Welt. Ich wurde mir immer mehr der Tatsache bewusst, dass wir die Echtheit der Tiere nur in genau dem Maße wahrnehmen können, wie wir selbst authentisch sind. Schauen wir durch die Brillengläsern erlernter Glaubenssätze, wiederholen wir automatisch, was andere vor uns lebten oder wiederholten – eine neue Betrachtungsweise entsteht nicht.

Die weiteren Jahre widmete ich also nicht nur dem Studium der Hunde, sondern verstärkt auch meiner eigenen Entwicklung und der unserer Gesellschaft insgesamt. Die Hunde begleiteten mich dabei in einer einzigartigen, großzügigen Weise. Sie lebten mir vor, wie es ist, keinen Ergebnissen nachzujagen und sich selbst und andere einfach in Prozessen zu begleiten und zu erkunden. So kümmere ich mich heute zum Beispiel nicht mehr um ein formuliertes Anliegen wie: »Er soll aufhören zu jagen.« – sondern ausschließlich um den Prozess, der dem vorausgeht. Es fühlt sich wunderbar an, den Druck der Ergebnisorientiertheit zu verlassen und das Erstaunen und die erwachte Neugier in den Gesichtern der Menschen zu erleben, die plötzlich die Welt ihres Hundes entdecken und sich dazu in Beziehung setzen können.

Alle meine Bücher dokumentieren meine eigene innere Reise und die anderer Menschen – mit Hilfe der Hunde.

Ich wünsche Ihnen alles Liebe auf Ihrem eigenen Weg.
  Maja Nowak

Grüße

Sie ist eine mädchenhafte, hübsche Frau von vielleicht 50 Jahren. Ihre Figur ist grazil, und sie hat samtene, zu einem spanischen Knoten gebundene Haare. Mit mandelförmigen, rätselhaft dunklen Augen blickt sie mich an. Ihre Stimme ist überraschend tief für ihren zarten Körper.

»Gut, dass Sie kommen, jetzt bin ich aber froh. Mein Boris macht mir wirklich Sorgen. Ich hoffe, Sie können ihm helfen.« Ihr Tonfall ist warm und aufgeräumt.

Boris, ein Italienisches Windspiel, bellt schüchtern unter einem Tisch hervor.

Meine Augen nehmen die Wohnungseinrichtung wahr. Sie wirkt seltsam »verstreut«. Es scheint alles vorhanden, aber nichts bildet eine vertraute Gemeinschaft. Ein Sofa steht allein an einer Wand, ein Sessel duckt sich in eine Ecke. Ein Tisch hält Abstand von einem Fenster. Die zu ihm passenden Stühle sind im Nachbarraum verteilt. Alle Wände leuchten jungfräulich weiß. Ein junger Mann lehnt lässig in einem Türrahmen. Er bildet die einzige Dekoration.

Er nickt, als mein Blick ihn trifft.

Die Frau kommt gerade von einer Reise zurück und berichtet von der langen Fahrt im Stau.

»Das ist Peter«, stellt sie den dekorativen Jüngling vor. »Er ist gefahren. Ich habe keinen Führerschein.« Sie schmückt diesen Satz mit einem koketten Lächeln, welches andeuten könnte, dass andere Dinge ihr wichtiger scheinen, als einen Führerschein zu besitzen.

»Mein Borischen regt sich schrecklich auf, wenn wir andere Hunde treffen. Er bellt wie verrückt, und ich kann ihn kaum halten. Ich kann in keinem Café sitzen, ohne dass er sich über jeden vorbeilaufenden Hund aufregt. Das muss aufhören«, sagt sie und streicht Boris zärtlich über den Kopf. »Außerdem hört er leider gar nicht.« Es liegt Gleichmut in ihrer Stimme, der das Bedauernde der Worte nicht teilt.

Ich möchte sein Verhalten mit eigenen Augen sehen, und wir gehen zusammen auf die Straße. Ein uralter Artgenosse schlurft auf der anderen Seite der breiten Kastanienallee neben seinem ebenso betagten Herrchen.

Boris klemmt seinen für die Rasse ohnehin typisch eingeklemmten Schwanz noch enger an den Bauch, zittert und legt die Ohren ängstlich an. Dann bellt er nicht nur in die Richtung des weit entfernten Hundes, sondern vorsichtshalber in jede Richtung, so als könnten überall und jederzeit Hunde wie Pilze aus dem Boden schießen. Die Leute bleiben verwundert stehen, weil sie keinen Anlass für die Kampfansage erkennen können.

Die Frau hält mit aller Kraft den Hund an der zum Zerreißen gespannten Leine. »Borischen, so was macht man doch nicht, du Dummerchen. Da gucken doch alle.«

Boris, durch den lobenden Tonfall angespornt, legt noch einen Zahn zu und beißt um sich.

Wir flüchten in den großen begrünten Innenhof des Wohnhauses. Ehe ich etwas sagen kann, leint die Frau den Hund ab. Boris verschwindet sofort in einen Busch. Danach sieht man ihn pfeilartig von links nach rechts schießen und wieder verschwinden. Er würdigt uns keines Blickes. Uns könnte ein Marsmensch entführen oder der Erdboden verschlingen – er würde es nicht zur Kenntnis nehmen.

»Rufen Sie ihn bitte einmal«, sage ich zu der Frau.

Sie blickt mich erstaunt an und erwidert mit ihrer tiefen, wohl modulierten Stimme sehr kokett: »Aber er kommt doch nicht.«

»Könnten Sie ihn dann mal holen?«, frage ich und spanne damit kurz entschlossen den jungen Mann ein, der gerade gelangweilt gähnt. Auch er blickt mich erstaunt an, wenn auch aus anderen Gründen. Widerwillig rappelt er sich hoch und geht betont langsam auf die Suche nach Boris. Tatsächlich kommt er nach einer Weile mit ihm zurück.

»Dann möchte ich Ihnen jetzt die ersten Grundlagen meiner Führung zeigen«, sage ich und spüre sofort, wie unangemessen dieser förmliche Satz bei dieser Frau wirkt. Er zerstäubt an ihrem verträumten Blick wie die Samen einer Pusteblume.

»Boris wird an einem Platz meiner Wahl bleiben, und ich werde stattdessen umherlaufen«, fahre ich fort und erhöhe die Spannung.

Der junge Mann sieht mich interessiert an.

Der Mund der Frau öffnet sich leicht.

Ich befestige eine Leine an Boris, bringe ihn zu einer Decke mitten auf der Wiese, mache eine winzige, aber energische Bewegung mit dem Kopf, die seine Bewegung einschränken soll, und gehe wieder.

Boris blickt mich erstaunt an, denkt nach und setzt eine Pfote von der Decke. Ich warne ihn mit einem Geräusch und blockiere, indem ich einen Schritt auf ihn zugehe, den Raum, den er sich nehmen will. Er nimmt die Pfote wieder auf die Decke, schüttelt sich, lässt sich fallen und rollt sich zusammen.

Ein weiteres Training ist nicht möglich. Boris hat sich schlafen gelegt. Die Reise hat auch ihn offenbar sehr angestrengt.

Der Mund der Frau ist jetzt weit geöffnet. Der junge Mann lehnt sich nach vorn, um das Ganze besser sehen zu können.

»Aber Sie haben doch gar nichts gemacht«, sagt die Frau ratlos.

»Doch, doch«, entgegne ich und weise auf den Hund, »in seiner Sprache schon.«

»Und warum bleibt er da jetzt liegen und schläft?« Ich höre die Stimme des jungen Mannes zum ersten Mal.

»Weil ich jetzt seinen Job übernommen habe und er sich auf mich verlässt, hoffe ich.«

Ich weise die beiden jedoch darauf hin, dass Boris nicht nur ein sehr leichtführiger, sondern offenbar auch ein gerade sehr müder Hund ist. »Das klappt nicht mit jedem Hund so schnell«, enttarne ich die Blitzkur.

Die Frau und ich verabreden uns auf dem Gelände des Dog-Instituts, um mit meiner Hündin Frieda zu trainieren. Ich möchte der Frau zeigen, wie man Boris von seinen Scheinangriffen abbringen kann.

»Wo finde ich das Gelände denn?«, fragt die Frau plötzlich ganz kindlich.

»Kommen Sie mit den Öffentlichen?«, frage ich zurück.

»Vielleicht«, antwortet sie.

»Von der S-Bahn-Station Wollankstraße sind es noch 300 Meter. Sie könnten mal im Internet schauen.«

»Oh, das Zubehör dazu liegt bei mir noch herum und muss erst angeschlossen werden. Gut, dass Sie mich erinnern. Da muss ich mal den Günther anrufen oder den Thomas«, sagt sie mehr zu sich selbst.

»Sie können auch einfach auf einen S-Bahn-Plan oder einen Stadtplan schauen«, schlage ich vor.

Sie blickt mich unschlüssig an. »Kein Problem, ich finde da jemanden, der mir so was besorgt. Mich könnte auch jemand mit dem Auto fahren. Das ist kein Problem.«

Sie kommt mit einem Auto vorgefahren, das ein älterer Mann lenkt. Ihre hübsche, figurbetonte Jacke ist sehr dünn und der Herbstmorgen kühl.

Der Mann fährt winkend wieder ab.

Boris zieht eifrig schnüffelnd seine Bahnen über das Gelände und ignoriert völlig, dass die Frau am anderen Ende der Leine hängt. Als sie sich 200 Meter entfernt haben, rufe ich: »Sie könnten dann hierher zum Training kommen.«

»Aber Sie sehen doch, dass der Hund in die andere Richtung zieht«, ruft sie ehrlich verzweifelt zurück. Sie wirkt dabei ebenso hilflos wie anmutig. Ich kann Männer gut verstehen, in denen bei ihrem Anblick der Ritter erwacht.

»Einfach hierherkommen. Der Hund folgt dann schon«, rufe ich pragmatisch. »Ja, ja, genau so«, feuere ich sie an, weil ihr Gang noch sehr zögerlich ist.

Bei mir angekommen, biete ich ihr einen Klappstuhl an. Ich möchte ihr heute zeigen, dass es nicht Boris ist, der sich ändern muss.

Davon weiß sie noch nichts.

Sie soll sitzen, während ich es ihr klarmache.

Ich nehme Boris an die Leine und laufe mit ihm über das Gelände. Ich zeige ihm mit einem zielstrebigen, ruhigen Gang, dass ich alles im Griff habe und genau weiß, was zu tun ist. Er hält sich sofort neben mir, er bleibt weder stehen, noch schnüffelt er.

Wenn er zu mir hochschaut, lächle ich oder brumme: »Guter Hund, prima.« Wir sind ein tolles Team, und natürlich klappt das nicht immer auf Anhieb so wie mit ihm. Das ist wie bei uns Menschen. Wenn die Chemie stimmt, geht alles sofort wunderbar.

Die Frau schaut dem Geschehen zu. Ihre Augenlider bleiben dabei apart auf »Halbjalousie«. Ab und zu überprüft sie den Sitz ihrer Jacke. Sie reibt sich frierend die Hände, lehnt aber das Angebot einer Decke nach einem entsetzten Blick auf deren Muster ab.

Ich zeige Boris, dass er an einem Platz fünf Meter gegenüber von meinem Auto bleiben soll, indem ich meinen Körper leicht nach vorn neige und den Raum vor ihm blockiere.

Boris setzt sich.

Als ich die Autotür öffne und meine Hündin Frieda herausspringt, geht sein Kopf nach vorn. »Ssst«, warne ich und blicke streng in seine Richtung. Angsthasen brauchen Führung und Selbstbewusstsein. Erstere kann ich Boris geben, Zweiteres bekommt er mit jeder neuen Situation, die er fortan besteht.

Ich gehe mit Frieda umher.

Boris stürzt nach vorn. Ich nehme ihm den unerlaubten Raum sofort wieder ab und dränge ihn mit meinem Körper zurück zur Decke. Frieda bedeute ich, zu warten.

Sie lässt sich auf die Wiese fallen und blickt mich blinzelnd an. »Ist das auch wieder ein Hund, der sehr krank ist?«, scheint ihr Blick zu fragen.

Boris bellt hysterisch. Ich rufe energisch »Hee!«, und stupse ihn mit zwei Fingern warnend in die Seite.

Er hört auf zu bellen.

Ich nehme ihn an der Leine und laufe mit ihm erneut über das Gelände. Er schaut sich ab und zu nach Frieda um, und ich korrigiere ihn jedes Mal mit einem Warngeräusch. Er soll lernen, andere Hunde zu ignorieren.

Besonders, wenn sie schläfrig in die Herbstsonne blinzeln.

Wir nähern uns Frieda laufend, bis wir sie erreichen und ich beim Laufen ihre Leine aufnehmen kann.

Boris will hinter mir zu Frieda durchbrechen. Ich halte ihm kommentarlos mein angewinkeltes Bein vor die Nase.

Langsam respektiert er die neue Regel, dass dieser Hund hier zu ignorieren ist, und beruhigt sich.

Wir können zu dritt über das Gelände laufen.

Die Frau lächelt. »Toll macht ihr das. Heißt das jetzt, dass Boris geheilt ist?«, fragt sie.

Ich lache. »Nein, es liegen noch viele Hunde vor Ihnen. Dieses Verhalten von Boris ist bereits erlernt, und er muss es erst wieder verlernen. Ich wollte Ihnen nur zeigen, wie schnell er dazu in der Lage ist, wenn man ihm Sicherheit gibt und Regeln.«

»Ich kann das aber nicht«, sagt die Frau erschrocken.

»Wenn ich ganz offen bin, glaube ich auch, dass es zu früh ist.«

Sie schaut mich überrascht an. »Zu früh für was?«, fragt sie unsicher.

»Für Sie«, antworte ich freundlich. »Ich kenne Sie ja erst seit Kurzem, und korrigieren Sie mich, wenn ich mich irre, aber ich habe bisher den Eindruck gewonnen, dass Sie noch keine Verantwortung übernehmen möchten und sich sicherer fühlen, wenn es andere tun. Sie müssten jedoch sofort Verantwortung für Boris und viele Lebenssituationen übernehmen, damit ich mit Ihnen arbeiten kann.«

»Woher wissen Sie das nach so kurzer Zeit? Das stimmt«, sagt sie und blickt mich offen an.

Ich bin überrascht, dass sie sofort weiß, was ich meine.

»Vielleicht kann Boris eine Chance sein, sich an Neues zu wagen?«, antworte ich mit einer Gegenfrage.

»Ich würde mich wirklich von Herzen freuen, wenn Sie sich dazu entschließen, und ich bin dann zu allem bereit.«

Sie schüttelt ungläubig den Kopf. »Dass Sie das so schnell gemerkt haben. Ja, ich denke darüber nach und melde mich.«

Dieser Vereinbarung folgt kein weiterer Kommentar.

»Könnten Sie mich bitte mit zurücknehmen?«, fragt sie ängstlich, als sie sieht, dass ich aufbrechen will.

Sie wirkt wie ein verlorenes Kind im Dschungel der Großstadt.

Natürlich nehme ich sie mit, und ich rechne nach unserer Verabschiedung nicht wirklich damit, sie wiederzusehen. Sie ist mir auf seltsame Weise ans Herz gewachsen. Rührung ist wohl das beste Wort für mein Gefühl.

Tatsächlich meldet sie sich jedoch auf ihre eigene Weise.

Ein Mann ruft mich an und sagt: »Die Besitzerin von Boris in meiner Straße hat Sie mir wärmstens empfohlen. Kann ich eine Einzelstunde haben?« Kurz darauf bucht eine Frau einen Kurs bei mir und erzählt: »Also, ich treffe immer eine Frau mit einem Windspiel, und die hat gesagt, ich muss unbedingt bei Ihnen trainieren.«

Inzwischen sind Monate vergangen, und ich hatte sicherlich an die 30 neue Kunden durch die Empfehlung dieser Frau.

Ich grüße sie hiermit herzlich zurück.

Ich warte noch immer auf SIE.

Das Paar

Der Mann fällt mir schon im Kurs auf.

Er hat die Anmutung eines schmächtigen Jungen in der Hülle eines 40-Jährigen. Sein Kinn doppelt sich, obwohl es an sich nicht dick ist, und nimmt seinem Gesicht jede markante Männlichkeit. Ein Mundwinkel ist dauerhaft zu einem ironischen Ausdruck nach unten gezogen. Die Augen blicken misstrauisch und mit leichter Verachtung in die Welt.

Seine Frau ist eine dünne Blondine, die ängstlich um ihn herumhuscht und versucht, ihm alles recht zu machen. Sie arbeitet unermüdlich als Entschärferin der Bomben, die ihr Mann in seine Sätze legt, wenn er mit ihr oder anderen spricht.

»Das ist doch Blödsinn«, sagt er zum Beispiel während einer Übung mit seinem Hund, die er wie alles Übrige verweigert.

»Aber schau mal, es klappt doch. Probier es doch einmal aus, sie meinen es doch nur gut hier«, fleht seine Frau und macht die Übung selbst.

Sie sind mit einem Jack-Russell-Terrier, der einmal bei Hundeausstellungen glänzen soll, in der Welpengruppe. Das Gesicht der Frau glüht beim Ausspruch dieser Hoffnung.

Ein Jahr später erhalte ich von der Frau einen Anruf, dass sich der Jack Russell inzwischen mit ihrem älteren Foxterrier beißt und sie nicht mehr weiß, was sie machen soll.

Ich fahre zum Hausbesuch und finde zwei Hunde vor, die eigentlich nichts gegeneinander haben, sondern nur gegen die Rollen, in die sie täglich gedrängt werden.

Die Frau ist äußerst verletzt, dass ihr Mann den Jack Russell vorzieht und den Foxterrier ablehnt. Da sie bei diesem ersten Hausbesuch allein ist, kann sie offen sprechen. Sie schaut mich mit riesigen blauen Kulleraugen an und hat viele gute Fragen.

Da sie davon ausgeht, dass Hunde gleichberechtigt behandelt werden müssen, verschlimmert sie die Situation bezüglich der Bevorzugung des Jack Russells durch ihren Mann dadurch, dass sie selbst verstärkt den Foxterrier beachtet.

Beide Hunde befinden sich also ständig in diesem Spannungsfeld zwischen dem Paar.

Ich erkläre ihr an mehreren Beispielen, warum es unter Hunden keine Gleichberechtigung gibt. Wenn ein Leithund gerade durch Kontaktliegen oder Spiel einem anderen Hund Zuneigung schenkt, heißt das nicht, dass er es automatisch mit jedem Hund tun wird, der danach zu ihm kommt. Er entscheidet, mit wem er gerade Nähe möchte. Die Klarheit seiner Entscheidung äußert sich in einer ruhigen Ausstrahlung beziehungsweise Energie. Das schlechte Gewissen eines Menschen äußert sich in einer negativen Energie, die der Hund nicht als schlechtes Gewissen identifiziert, sondern eben als negative Energie, die immer im Zusammenhang mit dem anderen Hund auftritt. Folglich geht er davon aus, dass mit diesem anderen Hund etwas nicht in Ordnung ist und er diszipliniert werden muss.

Stellen Sie sich vor, Ihr Chef lobt gerade Ihre Arbeit in einem Einzelgespräch. Ein Kollege kommt herein. Da er auch gelobt werden will, setzt er sich zwischen Sie und Ihren Chef auf den Schreibtisch. Ihr Chef wendet sich sofort diesem Kollegen zu, lobt ihn und vergisst Sie. Käme dies mehrfach am Tag vor, würden Sie diesen Kollegen sicher nicht mehr mögen. Aber auch Ihr Chef würde Ihnen unberechenbar, manipulierbar und nicht mehr vertrauenswürdig erscheinen. Sie würden eventuell damit beginnen, genau wie Ihr Kollege Aufmerksamkeit einzufordern, indem Sie sich einfach vor die anderen drängen. Kurz darauf wäre das Gerangel unter den Mitarbeitern in vollem Gange.

Eine ähnliche Situation herrscht bei dem Foxterrier und dem Jack Russell. So gehen sie häufig aufeinander los, wenn einer von ihnen gestreichelt wird und der andere dazukommt, um sich dazwischenzuschieben.

Ich möchte der Frau zeigen, wie sie sich in Zukunft verhalten könnte.

Ich rufe den Foxterrier und streichle ihn. Sofort schießt der Jack Russell heran, um sich seinen Platz zu erobern. Ich schiebe ihn weg, ohne ihn überhaupt anzusehen, und streichle weiter den Foxterrier. Aus den Augenwinkeln sehe ich, wie verdutzt der Jack Russell ist und dass er noch einen Anlauf wagt. Ich schaue ihn streng an, mache ein Warngeräusch, und er geht daraufhin sofort in sein Körbchen und legt sich hin.

Mit dem Foxterrier veranstalte ich ein großes Trara, streichle ihn, lobe ihn und spiele mit ihm, um der Frau zu zeigen, wie entspannt der Jack Russell bleibt, wenn er nichts mehr zu entscheiden hat.

Danach gehe ich in eine andere Ecke des Raumes und rufe den Jack Russell. Dieser kommt unterwürfig, mit langsamen Bewegungen und kleinen Schwanzwedlern auf mich zu und leckt mir begeistert das Kinn.

Der Foxterrier nähert sich ebenfalls, um das Spiel fortzusetzen. Ich schaue ihn warnend an, er bleibt stehen und legt den Kopf schief. Kurze Zeit später legt er sich hin und beobachtet mich und den Jack Russell.

Die Frau staunt, weil die zwei Hunde, wie sie sagt, im Normalfall schon längst aufeinander losgegangen wären. Ich bitte sie, genau dasselbe wie ich zu tun, damit sie sieht, dass es bei ihr, solange sie die Entscheidungen trifft, genauso verläuft.

»Aber wenn ich einmal nicht dabei bin, und die beiden beißen sich?«, fragt die Frau, ungläubig staunend über das schnelle Ergebnis.

»Wenn Sie die Hunde richtig behandeln, haben sie keinen Grund mehr, sich zu beißen. Keiner von ihnen ist dominant oder aggressiv. Es ist eigentlich eher ein Wunder, dass Sie es geschafft haben, sie zum Beißen zu bringen«, sage ich.

Ich möchte sehen, welcher der beiden Hunde am stärksten kontrolliert. Mit einer Bewegungseinschränkung (Erklärung siehe »Kleine Hundekunde«) zeige ich beiden, dass sie in der Küche bleiben sollen, und verlasse mit der Frau den Raum. Der Jack Russell legt sich hin und rührt sich nicht, der Foxterrier kommt fünfmal hinterhergetappt, bevor er in der Küche sitzen bleibt. Er hechelt stark und erlebt offenbar einen Kontrollverlust.

Man sieht dem Jack Russell an, wie wenig Wert er darauf legt, Entscheidungen zu treffen, genau wie man dem Foxterrier anmerkt, dass er sich für alles verantwortlich fühlt und gerade für den Schutz der Frau sorgen möchte, die sich seinem Blickfeld entzieht.

»Wir brauchen unbedingt noch einen Termin mit Ihrem Mann«, sage ich. »Ich muss ihm selbst erklären, was es für einen Schaden anrichtet, wenn er dem Jack Russell durch übertriebene Zuwendung und Bevorzugung einen Status vorspielt, den er nicht hat. Wichtig wäre jedoch auch, dass Sie aufhören, den Foxterrier in eine Beschützerrolle zu drängen, die ihn überfordert. Ihre Kompensationsversuche versteht er ja nicht als solche.«

Wir verabreden einen Termin, an dem auch ihr Mann da ist, und ich bitte sie, ihren Ehrgeiz bis dahin nicht wieder darin zu sehen, ihren Mann von meinen Überlegungen überzeugen zu wollen. Das würde ich gern selbst tun. Da ich seinen Spott kenne, habe ich die Befürchtung, dass er alles, was ich bei seiner Frau gerade an Verständnis für die Situation habe aufbauen können, sogleich wieder einreißt.

»Es ist wichtig, dass zumindest einer von Ihnen sich jetzt erst einmal richtig verhält, damit es keine Missverständnisse unter den Hunden mehr gibt.«

Sie schaut mich fassungslos an. »Aber ich MUSS meinem Mann doch erklären, was richtig ist. Er wehrt ja immer alles ab.«

»Eben deshalb würde ich nichts erklären.«

Ich verschweige, dass ich auch vermute, dass er seinen Spott und sein Misstrauen gar nicht loswerden möchte. Wenn man einem Handwerker, der bisher alles mit einem Hammer erledigte, dieses Werkzeug zum Schraubeneindrehen plötzlich wegnimmt, wird er auch nicht gleich zum Schraubenzieher greifen, sondern empört seinen Hammer zurückhaben wollen.

Mir fällt dazu eine Geschichte ein, die sich in dem abgelegenen russischen Dörfchen abspielte, in dem ich nach der Wende mehrere Jahre lebte. Auch dort gab es ein Paar mit dieser Struktur – wenn auch mit völlig anderen Problemen.

Der alte Kolja war Alkoholiker. Abgesehen von der körperlichen Sucht war der Alkohol ein Werkzeug, das ihm in allen Lebenslagen half: bevor er sensen musste, nachdem er gesenst hatte, bevor er die Kühe hütete, während er die Kühe hütete, nachdem er die Kühe gehütet hatte, vor dem Einschlafen, nach dem Aufwachen, wenn seine Frau Nura mit ihm schimpfte, wenn es zu heiß war oder zu kalt.

Nura nun kämpfte seit 50 Jahren einen vergeblichen Kampf gegen die Trunksucht ihres Mannes. Nichts konnte sie davon abbringen zu glauben, dass ihre Argumente, Strafen und Drohungen ihn eines Tages verändern würden. Sie hielt ihm abends zu Hause lange Vorträge, um ihn von der Schädlichkeit des Trinkens zu überzeugen. Man hörte sie bis auf die Straße. Nur Kolja hatte bereits gelernt wegzuhören.

Sie verfolgte ihn oft durch das Dorf und drückte sich an die Wände der Holzhäuser, eine Geheimagentin mit Kopftuch, Schürze und Stock, um ihn dabei zu erwischen, wie er bei einer Babuschka selbst gebrannten Samagon kaufte.

Dann erblindete Nura an grauem Star, was ihre Nachstellungen unmöglich machte und eine wochenlang währende Volltrunkenheit von Kolja zur Folge hatte. Daraufhin erfand sie eine neue Strategie. Sie schnappte sich seinen hinteren Jackenzipfel und folgte ihm, so angedockt, auf Schritt und Tritt. Der gutmütige Kolja ließ sich auch das gefallen, und irgendwann hatte er gelernt, ihre Anwesenheit genauso zu ignorieren wie ihre täglichen Vorträge. Einmal kaufte er eine Flasche Samagon, während Nura an seiner Jacke hing, einfach weil er vergessen hatte, dass sie da war. Sie war daraufhin so erbost, dass sie eine lose Zaunlatte vom Zaun um das Grundstück der Samagonverkäuferin riss und ihn nach Hause prügelte. Kolja hielt dabei die Flasche, die Nura nicht sehen konnte, noch immer in der linken Hand und versuchte – schnell laufend –, das Ausweichen vor der Zaunlatte und einige unbemerkte Schlucke aus der Flasche miteinander zu vereinbaren.

Ich denke, Sie können keinem Menschen etwas wegnehmen, das dieser nicht hergeben möchte. Sie können nur Grenzen setzen.

Nach dem Hausbesuch erhalte ich eine E-Mail der Frau. Sie schreibt mir, wie lange sie sich schon eine berufliche Veränderung wünscht und wie gerne auch sie mit Hunden arbeiten würde. Sie sitze als Verkäuferin an der Kasse eines Supermarkts und traue sich nicht, etwas anderes zu machen.

Ermutigt durch meinen Berufswechsel im Jahr 2000, über den sie auf meiner Website las, erkundigt sie sich nun nach Möglichkeiten.

Als ich zum zweiten Hausbesuch eintreffe, hat sich der Mann bereits in Pose gesetzt. Die Beine weit gespreizt, das Becken nach vorn geschoben, sitzt er auf einem Küchenstuhl. Die Arme sind vor der Brust verschränkt, der Spott in den Augen ist überdeutlich.

Ich beschreibe ihm das Ergebnis der letzten Stunde.

»Das hat mir meine Frau schon gesagt«, meint er abschätzig.

Ich bitte ihn, dasselbe zu tun, was seine Frau beim letzten Mal getan hat. Er steht betont langsam auf und ruft den Jack Russell. Der springt auf ihn zu, an ihm hoch und schnappt ihn respektlos in den Hemdärmel. Der Mann streichelt ihn.

»Sie haben ihn gerade dafür gestreichelt, dass er respektlos zu Ihnen war«, sage ich.

Der Mann schnauft, und wenn Verachtung schäumen würde, so käme sie ihm jetzt sicher aus der Nase.

»Respektlos. Dass ich nicht lache. Das macht er nur, weil er mit mir spielen will.«

Ich schweige, um die Übung erst einmal zu Ende zu bringen.

»Sehen Sie, der andere Hund bleibt liegen. Bei mir beißen sie sich also nicht!«, sagt der Mann und deutet auf den Foxterrier, der keine Anstalten macht, ebenfalls beachtet werden zu wollen.

»Wir können die Situation umdrehen. Das ist interessanter. Sie streicheln den Foxterrier und schicken den Jack Russell weg«, sage ich ruhig.

Der Mann macht eine wegwerfende Handbewegung, die sagen könnte: Nichts leichter als das.

Er sagt »Sitz« zu dem Jack Russell und ruft den Foxterrier. Dieser blickt den Mann erschrocken an und bleibt, wo er ist. Der Jack Russell stürmt nach vorn und springt an dem Mann hoch.

»Nein, du jetzt nicht«, ruft der Mann dem Jack Russell zu, der sich daraufhin in seiner Forderung nach Aufmerksamkeit bestätigt fühlt und sein Bellen verstärkt.

Der Foxterrier duckt den Kopf ab und rührt sich nicht vom Fleck. »Na komm doch«, sagt der Mann irritiert und verliert sofort seine aufgesetzte Selbstsicherheit. Der Foxterrier schaut weg. Es ist deutlich zu sehen, dass er unsicher ist und Angst hat.

Ich teile dem Mann diese Beobachtung mit.

»Quatsch. Der hat doch keine Angst vor mir. Das ist nur, weil meine Frau dabei ist. Die verwöhnt den doch«, begehrt er auf.

»Das stimmt nicht. Er hat auch sonst oft Angst vor dir«, entfährt es der Frau, die sofort rot wird, erschrocken über ihre eigene Courage.

Der Mann ist nun restlos verstimmt und setzt sich wieder hin.

»Aber Schatz, schau doch, er hat doch auch Angst, wenn er mit dir allein Gassi gehen soll. Er will ja nie mit. Wir wollen doch daran etwas ändern«, fleht sie.

Ihr Mann zeigt deutlich seine Haltung dazu, indem er die Arme vor der Brust verschränkt.

Der Frau ist die Situation peinlich, und sie bittet darum, dass ich mir die Hunde einmal draußen anschaue, weil der Jack Russell wie verrückt an der Leine zieht.

»Der geht ja nie an der Leine«, sagt der Mann.

»Eben«, antwortet die Frau, »weil er an der Leine nicht gut läuft. Aber wenn wir zu Hundeausstellungen wollen, muss er das.«

»Bei mir wird er laufen«, behauptet der Mann.

Kaum hat er den Jack Russell draußen angeleint, springt der wie ein Jojo neben dem Mann auf und ab und beißt in den Griff der Leine und in den Jackenärmel des Mannes.

»Er will immer spielen«, sagt der Mann.

»Das hat mit Spiel nichts zu tun. Er verbittet sich, dass Sie ihn in seiner Bewegungsfreiheit behindern, weil er führt und nicht Sie«, erwidere ich.

Ich biete an zu zeigen, wie man den Hund führen könnte.

Der Mann gibt mir achselzuckend die Leine.

Der Jack Russell will gewohnheitsmäßig nach vorn springen, und ich schiebe ihn zackig, mit einer leichten Bewegung vor der Brust, nach hinten. Er blickt mich verdutzt an und geht noch einmal nach vorn. Dieses Mal drehe ich mich zu ihm ein, blockiere sehr entschieden den Raum vor uns und gehe dann sofort ruhig weiter. Das war's. Der Hund bleibt hinter mir. (Eine Sache, die wir in den Führungskursen meiner Hundeschule jedem Hund-Mensch-Team beibringen.)

Die Frau äußert ihr Erstaunen: »Nun schau doch mal. Das ist ja ein Ding, jetzt läuft der plötzlich an lockerer Leine.«

»Na ja, die macht das mit den Hunden ja auch den ganzen Tag, deshalb klappt das. Wenn wir das machen, klappt es nicht«, ergänzt der Mann.

»Dann könnten Sie es doch jetzt einfach üben. Anders habe ich es auch nicht gelernt«, entgegne ich.

Der Mann nimmt lustlos die Leine. Sofort schießt der Hund an ihm hoch, zur Seite und nach vorn. Der Mann verfolgt ihn und versucht, von hinten auf ihn einzuwirken.

»He, nicht ziehen. Warte. Bleib. Hierher. Sehen Sie, das klappt nicht, habe ich ja gesagt. Kann ja auch nicht klappen. Wir haben das ja noch nie gemacht, wie soll der Hund das denn jetzt begreifen? Das geht auch nie, wenn meine Frau dabei ist. Sie muss das in erster Linie können, bei mir klappt das sonst ...«

Dabei ruckt er wie von Sinnen an der Leine, und der Hund bekommt einen Kehlkopfkrampf.

Ich atme tief durch, schaue den Mann an und sage: »Das, was Sie gerade üben, müssen Sie noch nicht können. Dazu ist die Übung ja da. Bleiben Sie doch einfach ruhig, konzentrieren Sie sich einmal nur darauf, was Sie gerade machen. Der Hund will nach vorn, Sie schränken seine Bewegung ein, fertig. Machen Sie es doch einmal so, wie ich es Ihnen vorschlage, und wenn es dann nicht klappt, können Sie immer noch sagen, dass mein Vorschlag nichts taugt.«

»Ich habe gelesen, dass man an der Leine rucken soll«, erwidert der Mann.

»Das kann ich mir gut vorstellen«, antworte ich. »Das steht tatsächlich in sehr vielen Büchern. Nun rucken Sie ja aber schon eine Weile, und da stellt sich die Frage, ob es irgendetwas an dem Verhalten Ihres Hundes geändert hat.«

Die Frau schüttelt den Kopf, der Mann schweigt beleidigt.

»Darf ich das einmal an Ihnen selbst demonstrieren?«, frage ich. Der Mann hebt unentschieden die Schultern.

Ich fasse ihn am Jackenärmel und gehe los. »Stellen Sie sich vor, Sie sind jetzt der Hund, und ich habe Sie an der Leine. Immer wenn Sie irgendetwas tun, was mir nicht gefällt, rucke ich an Ihrem Ärmel.« Da ich dies umgehend in die Tat umsetze, schaut der Mann mich aggressiv an.

»Ich mache das nur zur Demonstration. Würde ich jetzt noch zehn Mal an Ihnen rucken, wären Sie extrem genervt und würden sich fragen, warum ich Ihnen nicht einfach sagen kann, WAS ich will. Wenn Sie nicht möchten, dass Ihr Hund nach vorn zieht, müssen Sie dort selbst Raum einnehmen, das blockiert den Raum für ihn automatisch.«

»Wie jetzt, soll der Hund nun sein ganzes Leben lang hinter mir laufen? Das lehne ich ab. Dann habe ich ihn ja nicht im Blick«, sagt der Mann verärgert.

»Nein, das soll er nicht sein ganzes Leben tun, jetzt aber schon«, erwidere ich. »Erinnern Sie sich an Ihre erste Fahrstunde? Sicher lernten Sie auch zuerst einmal lenken, ehe Sie Gänge und Gas benutzen durften.«

»Ich konnte von Anfang an fahren«, unterbricht mich der Mann.

»Man spricht von Leinenführigkeit, weil das etwas mit Führung zu tun hat«, fahre ich fort.

»Sie müssen also Ihrem Hund erst einmal glaubhaft machen, dass Sie führen wollen und können. Das geht am besten, indem Sie ihn nach hinten schicken. Danach können Sie ihn laufen lassen, wo Sie möchten, und müssen ihm nur noch mitteilen, dass ein Zug in der Leine nicht erwünscht ist. Ihr Hund kann das ja nicht wissen. Von einem Leithund wird er normalerweise nicht an der Leine geführt und darf sich frei bewegen, solange der Leithund keinen Anlass sieht, dies zu ändern. Sie müssen aber erst ein Leitwesen für Ihren Hund werden, bevor Sie ihm erklären können, was Sie möchten.«

Sobald der Mann die Leine in die Hand nimmt, schießt der Jack Russell wieder nach vorn, bellt, springt an ihm hoch und zerrt dann zur Seite.

»Das ist doch Mist. Das klappt nie. Das macht er doch schon immer so. Woher soll er denn jetzt auf einmal wissen, dass er es anders machen soll? Das kann ja nicht gehen – und ich kann das auch gar nicht können ...« Der Mann tanzt um den Hund herum und reißt wie verrückt an der Leine.

»Hier heran. Hier sollst du laufen!!! Hiiiiier!« Dabei klopft er sich an sein Bein.

»Ich muss Sie noch einmal darauf hinweisen, dass der Hund auf diese Weise nicht erfährt, was Sie NICHT möchten. Wenn Sie ›Hier‹ rufen, versteht er nur, dass er herankommen soll, nicht aber, dass es sein Ziehen ist, das Sie stört.«

»Spitzfindigkeiten!«, ruft der Mann völlig außer sich und knallt die Leine auf den Boden.

Die Frau versucht zu beschwichtigen. »Aber du hast doch gesehen, dass er es bei Maja sofort verstanden hat. Bei ihr hat er es doch vorher auch noch nie gemacht, Schatz. Probier es doch nur ein EINZIGES Mal so, wie sie es gezeigt hat.«

Der Mann verschränkt die Arme.

»Was verärgert Sie so, dass Sie sich nicht gestatten können auszuprobieren, was ich Ihnen zeige?«, frage ich ihn in einem letzten Versuch.

»Das klappt nicht, auch wenn ich es übe«, erwidert der Mann und geht.

Die Frau gerät in große Aufregung.

»Jetzt ist er sauer. Das wird schlimm nachher.«

Ich sehe sie direkt an und sage vorsichtig: »Es wäre toll, wenn Sie bei sich bleiben könnten. Wenn Sie Ihr Leben noch einmal durch einen anderen Beruf ändern möchten, wie Sie mir schrieben, dann brauchen Sie Mut. Vielleicht gelingt es Ihnen, die Hunde als Spiegel dafür zu nehmen, wie viel davon Sie schon besitzen und was noch nicht gelingt. Wenn Sie bei sich bleiben und gut mit den Hunden umgehen, werden die Hunde auch gut auf Sie reagieren, egal was Ihr Mann macht. Überlassen Sie es doch einmal ihm selbst, wie er handelt und dadurch behandelt wird. Die Energie, die Sie investieren, um zu beschwichtigen und zu befrieden, fehlt Ihnen, um für sich selbst etwas zu verändern. Ihr Mann muss die Entscheidung zur Veränderung eigenständig treffen. Das können niemals Sie für ihn tun. Sie können sich nur selbst ändern.«

Die Frau sieht mich an und nimmt die Leine des Jack Russells. Obwohl er auch bei ihr noch mehrfach versucht herumzuspringen, bewältigt sie die Situation ruhig und so, dass erste Erfolge zu sehen sind. Der Hund beginnt, beim Laufen zu ihr aufzuschauen und auf sie zu reagieren, wenn sie seine Bewegung einschränkt. Es liegt nur an ihrer schüchternen Art, dass es noch nicht dauerhaft klappt.

Dennoch kann sie bereits 300 Meter mit einem an lockerer Leine laufenden Hund gehen.

»Wir müssen noch einmal schnell nach Hause. Mein Mann hat das Geld«, sagt sie am Ende der Stunde.

Der Mann diskutiert gerade mit jemandem von der Müllabfuhr. Nachdem ihn seine Frau dazu aufgefordert hat, drückt er mir das Geld kommentarlos und ohne mich anzusehen in die Hand.

Einen Tag später erhalte ich eine E-Mail der Frau.

Der Mann zieht den Jack Russell nun noch stärker vor, um zu beweisen, dass dieser Weg genau der richtige ist. Die Hunde beißen sich deswegen noch öfter, was den Mann mit einer eigenartigen Genugtuung zu erfüllen scheint, wie die Frau berichtet. Sie weiß nicht, was sie machen soll.

»Es ist so, wie ich Ihnen bereits sagte«, antworte ich ihr. »Wenn Sie etwas nicht möchten, brauchen Sie ein ›Stopp‹, das wirklich funktioniert. Bei Ihren Hunden kennen Sie es bereits.«

Der kleinste Chef der Welt

Ich fahre zu Hausbesuchen auf die Insel.

Die blaue Brücke leuchtet.

Es ist Sonntag.

Wolgast ist in Stille getaucht.

Ich halte an einem Mietshaus in einer der gespenstisch leeren Straßen. Öffne die Tür zum Hof. Der starke Kontrast trifft mich unvorbereitet.

Frauen lachen schwatzend und beschürzt auf einer Bank. Kinder toben, von der Erde des Hofes gezeichnet, Männer fachsimpeln gestenreich in einer Viererrunde. Ein Junge repariert ein auf dem Sattel stehendes Fahrrad. Eine alte Frau schält, auf einem Schemel sitzend, Kartoffeln.

Bei meinem Anblick friert die Szene ein. Alle starren mich an. Eine gespannte Erwartung liegt auf den Gesichtern.

»Einen schönen Sonntag wünsche ich. Die Familie B., wo finde ich die?«, frage ich und erkläre damit mein Eindringen. »Ach, Sie sind die Trainerin aus Berlin«, sagt ein Mann aus der Runde. »Udo, komm runter. Sie ist da!«, schreit eine Frau das Haus hinauf.

Ein blonder Schopf erscheint kurz im Fenster des vierten Stocks.

Kurz darauf lächelt der Blonde zwei Köpfe über mir verlegen. Einen langen Lulatsch nannte man in meiner Kindheit eine solche Erscheinung. Er führt mich in seine Wohnung und übergibt mich seiner jungen Frau.

»Gut, dass Sie kommen«, sagt die Frau erfreut, »unser Hund lässt keinen Besuch mehr herein. Er veranstaltet dann genau dieses Getöse.« Das Gebell eines Hundes, Tonlage Terrier, im Hintergrund ist unüberhörbar.

»Gezwickt hat er auch schon ein paar Mal. Wenn wir abends essen, springt er auf den Tisch und klaut sich was.« »Während Sie selbst am Tisch sitzen?«, frage ich erstaunt.

Die Frau schluckt vor Aufregung das Ja herunter und nickt. »Wenn wir ihn vom Tisch wegschieben wollen, schnappt er nach uns.«

Ich schiebe bewundernd meine Unterlippe vor. Da hat sich aber einer hochgearbeitet, denke ich.

»Wir haben ihn aus einer Tötungsstation aus Spanien, und wir wollen ihn auf keinen Fall wieder weggeben. Er ist sonst sehr lieb«, fügt sie fast verschämt hinzu.

»Na, dann lassen Sie das Raubtier mal los«, sage ich aufmunternd, denn das junge Paar blickt mich mit einer ängstlichen Erwartungshaltung an.

»Soll ich ihn einfach rauslassen?«, fragt die Frau.

»Ja natürlich«, antworte ich.

Die Frau greift nach der Türklinke. Sie zieht die Bewegung in die Länge, so als erwarte sie im letzten Moment noch eine Kursänderung von mir.

Ein winziger Spalt genügt, und eine kleine Hundeschnauze

stößt sich energisch durch die Türöffnung. Der Hund ist kniehoch, schnellt auf mich zu, tackert mit den Zähnen die Luft und lässt im letzten Moment von seinem offensichtlichen Vorhaben ab, mich in die Waden zu beißen. Er ähnelt einem schwarzbraunen Rauhaarpinsel und würde lustig aussehen, wenn die panisch geweiteten Knopfaugen diesen Eindruck nicht zunichtemachen würden.

Gerade kleine Hunde müssen eine Riesenshow hinlegen, um ihre Angst zu verbergen. Ich ignoriere den Hund deshalb betont gelangweilt und folge den jungen Leuten in die gute Stube.

Dort rollt plötzlich ein kleiner roter Ball quer durch das Zimmer bis vor meine Füße. Ich sehe nichts, was diesen Vorgang erklären könnte. Alle Möbel stehen an den Wänden, deshalb habe ich freien Blick auf die gesamte Fläche des Zimmers und den Teppichboden. Stünden die jungen Leute und der laut bellende Hund nicht neben mir, hätte die Szene etwas Unwirkliches.

Kurz darauf eine Bewegung am Boden. Unter der Couch blitzt das Weiß einer Windel auf. Aus der Windel ragen zwei dicke Beinchen, die heftig strampeln. Ein Baby hängt fest. Die Eltern blicken entspannt.

Dem Baby gelingt es, sich mit einem energischen Schwung aus der Lage zu befreien. Es dreht sich um, lacht mit hochrotem Kopf und zeigt in der oberen Zahnreihe zwei einsame Vorderzähnchen.

»Wer bist du denn?«, frage ich vor Entzücken etwas tantenhaft. Das Baby holt mit beiden Ärmchen Schwung, senkt den Kopf ab wie ein Stier und kämpft sich im Vierfüßlerspurt vor meine Füße. Zielsicher patscht es mit seiner winzigen Hand nach dem Ball und wirft ihn energisch in den Flur. Der nächste Patscher trifft meine Füße. Meine Vermutung, dies sei aus Versehen geschehen, bestätigt sich nicht. Da ich den Weg nicht sofort freigebe und es dem Baby offenbar nicht in den Sinn kommt, um mich herumzukrabbeln, folgt zügig der nächste Patscher, begleitet von einem schiefen Blick fünf Etagen zu mir hinauf. Ich trete zur Seite, und das Baby robbt auf Speckbeinchen und -ärmchen in den Flur.

Kurz darauf von dort ein neuer Aufprall des Balles. Bummm!

»Wie alt ist es denn?«, frage ich verblüfft über die Winzigkeit des Menschenwesens, seine Bewegungsabläufe und die für ein Baby unheimliche Zielstrebigkeit. »Zehn Monate«, antwortet die junge Mutter stolz. »Er ist der Einzige in diesem Haus, vor dem der Hund Respekt hat«, fügt sie hinzu. »Den Kleinen lässt er völlig in Ruhe. Er ist offenbar der Chef«, sagt sie lachend.

»Sie wissen, dass Kinder einem Hund gegenüber niemals Chefqualitäten besitzen können?«, rufe ich erschrocken. »Wenn Ihr Hund den Kleinen bisher in Ruhe ließ, so ist das Glück und vielleicht einer Art gruppeninternem Welpenschutz zu verdanken, auf den man sich jedoch nie verlassen darf. Sie müssen bei einem unsicheren Hund wirklich äußerst vorsichtig sein, schon ein kleines Missverständnis reicht oft aus, und das Unglück ist da.«

»Wir lassen die beiden selbstverständlich nie allein«, versichert mir der Mann glaubhaft.

Der Terrier hat inzwischen so an Lautstärke zugelegt, dass die Weiterführung des Gesprächs nur noch durch Anschreien möglich ist.

»Wie lange zeigt der Hund dieses Verhalten bei Besuchern schon?«, rufe ich der neben mir sitzenden Frau zu.

»Von Anfang an«, ruft sie zurück.

»Es wurde aber immer schlimmer!«, schreit uns der Mann von der Couch gegenüber zu und formt zur besseren Verständigung mit seiner rechten Hand einen Trichter vor dem Mund.

»Ich mache jetzt etwas und erkläre danach, worum es ging, damit erst einmal Ruhe ist«, schreie ich nun ebenfalls und nehme eine Dose mit gebratenem Putenfleisch aus dem Rucksack. Augenblicklich kehrt Stille ein.

Die Terriernase bewegt sich aufgeregt, während mich die Knopfaugen weiter im Blick behalten.

Ich werfe ihm ein Stück Pute entgegen. Sprung in meine Richtung. Haps. Sprung zurück. Panisches Bellen, offenbar, weil er den Sprung gewagt hat. Ich stelle die Dose auf den Boden. Sprung.

Ich halte meine Hand vor die Dose und erkläre sie zum Tabu.

Der Hund schießt nach vorn, schnappt nach meiner Hand und bringt sich in der hintersten Zimmerecke in Sicherheit, weil ich die Hand nicht zurückziehe, sondern mit einem »Scht« einen Schritt auf den Hund zugehe.

Als ehemaliger Straßenhund hat er offenbar gelernt, um alles Fressbare zu kämpfen. Dieses Verhalten war auf den Straßen Spaniens sinnvoll und ließ ihn überleben. Jetzt jedoch muss er leider lernen, dass er nur in Harmonie mit seiner neuen Familie leben kann, wenn er sich an neue Regeln hält.

Nach zwei strengen Blicken in seine Richtung meidet der Hund die Dose, auch dann, als ich mich weit von ihr fortbewege. Etwas anderes gestaltet sich schwieriger. Immer wenn ich ihm ein Stück Pute hinhalte, um ihm zu zeigen, dass Gutes von mir ausgeht, beginnt er panisch zu bellen und zurückzuweichen.

Ich spüre, dass ich so keinen Schritt weiterkomme, weil er zwar eine Regel akzeptiert hat, aber immer wieder in Panik gerät.

Ich entscheide mich für eine Konfrontationstherapie. Dabei wird ein Wesen mit dem konfrontiert, wovor es Angst hat, ohne die Möglichkeit zu erhalten, davor zurückzuweichen. Andernfalls wird durch das Zurückweichen immer wieder ein Gefühl der Erleichterung geschaffen, das die Angst weiter verstärkt. »Gut, dass ich der Gefahr entkommen bin!«, könnte es heißen. Das Wesen soll jedoch erleben, dass in der realen Situation gar keine Gefahr vorhanden ist.

Dazu muss es in der Situation bleiben.

Ich bitte die Frau, eine Leine am Geschirr des Hundes zu befestigen, hocke mich auf den Boden und ziehe den rasenden Hund kommentarlos mit der Leine zu mir heran. Vor Schreck ist er sofort still.

Als er sich erholt hat und wieder bellen will, stoppe ich ihn mit »Scht« und stippe kurz zwei Finger an seine Schulter. Stille.

Ich hocke dicht neben ihm und atme sehr ruhig und entspannt. Er legt sich ab. Wir verbringen fünf Minuten auf diese Weise. Der Hund soll dabei die Erfahrung machen, dass das, wovor er Angst hatte, überhaupt nicht gefährlich ist.

Dann lasse ich die Leine los.

Der Hund springt zwei Schritte zurück und beginnt wieder zu bellen. Sofort greife ich mir die Leine, ziehe ihn dicht an mich heran, und wir hocken wieder in vereinter und langsam auch vereinender Stille beisammen.

Ich lasse die Leine los, der Hund steht auf und beginnt, mich vorsichtig zu beschnüffeln. Ein sehr gutes Zeichen. Schnüffeln ist bei einem Hund der erste Schritt, sich zu erkundigen, mit wem er es zu tun hat. Ein Hund ist ein Nasenwesen. Wenn er sich nur auf seine Augen verlässt, kann er nicht erfahren, mit wem er es zu tun hat, und wird in seinen Befürchtungen verharren.

Etwas prallt an meine Fersen. Ich drehe mich erschrocken um. Der rote Ball liegt neben mir. Das Baby erscheint hinter einer Flurecke. Schaufelnd wie eine Eidechse bewegt es Ärmchen und Beinchen und entwickelt dabei ein erstaunliches Tempo. Ohne uns anzusehen, greift es zielsicher nach dem Ball, knallt diesen in die nächste Ecke und rutscht hinterher. Ein Alleinunterhalter, denke ich.

Der Hund springt, um auszuweichen, versehentlich in die Bahn des Babys und wird, aus einer Eidechsenbewegung heraus, energisch zur Seite geschoben. Tatsächlich gibt der Hund sofort den Weg frei und beschwichtigt, indem er sich zweimal über die Schnauze leckt. Das Baby schnappt sich den Ball, donnert ihn hinter sich und krabbelt dem Aufprall folgend wieder in Richtung Flur.

Ich blicke zu den jungen Eltern, die mich interessiert betrachten und offenbar eine Reaktion von mir erwarten. »Das ist ja wirklich ein Kerlchen«, sage ich verdattert. Die Frau hebt bestätigend beide Hände.

»Könnten wir von den Leuten im Hof jemanden bitten, uns einmal bei der Besuchersituation zu helfen?«, frage ich, um zum Thema zurückzukehren. »Es müsste jemand klingeln, damit ich Ihnen zeigen kann, was Sie tun können, wenn der Hund sich so aufregt.«

Der junge Mann springt auf und verschwindet.

Kurze Zeit darauf klingelt es.

Der Hund will nach vorn stürzen. Ich stoppe ihn mit einem energischen »Scht!« und befördere ihn an der Leine umgehend in sein Körbchen. Ich lasse die Leine fallen und halte ihn auf seinem Platz, indem ich mich einfach vor ihn stelle und den Weg blockiere.

Es klingelt wieder.

Ich sage »Scht« und mache warnend gleichzeitig eine Kopfbewegung nach vorn. Der Hund sieht beschwichtigend von mir weg und legt den Kopf ab.

Stille.

Es klingelt erneut.

Stille.

Die Frau blickt ungläubig. Der Mann kommt mit fünf Fremden herein. »Aber er bellt ja gar nicht«, stellt er verunsichert fest. Fünf fremde Menschen blicken in die Stube auf den Hund.

»Bitte starren Sie ihn nicht so direkt an«, rufe ich. »Das macht ihm Angst! Vielen Dank aber für Ihre Hilfe. Er muss übrigens deshalb nicht mehr bellen, weil gerade ich die Führung übernommen habe und er selbst nun nichts mehr zu tun hat.«

Jetzt beginnt es zu klopfen. Der Hund spitzt die Ohren. Die junge Frau verblüfft mich mit einem »Scht!« in exaktem Timing. Der Hund blickt sie überrascht an und gibt einen winzigen Wuff von sich, wie um zu testen, was dann passiert. Die Frau springt in einem kleinen Ausfallschritt auf ihn zu. Der Hund legt sofort den Kopf ab und ist schwer beeindruckt von der plötzlichen Handlungsfähigkeit der Frau.

Es klopft wieder. Dieses Mal sehr energisch, in einem verrückten Tempo und viele Male hintereinander. Der Hund dreht sich mit dem Rücken zu uns und rollt sich ein. Er zeigt sehr deutlich, dass er sich für solche Dinge nicht mehr zuständig fühlt und seine Ruhe haben will.

Ich jedoch bin genervt von diesem Besucher, der sich verhält wie ein Irrer. »Sie könnten dem Helfer mitteilen, dass er nicht mehr an die Tür zu klopfen braucht«, sage ich zu dem jungen Paar. Das Paar sieht sich an, die Besucher sehen sich an.

»Da ist niemand mehr«, erwidert der Mann. »Das Klopfen kommt von dort.« Er weist über den Flur auf eine Tür, die im selben Moment halb aufschwingt.

Das Baby ist zu sehen. Es hackt mit einem Holzspielzeug kräftig gegen das Hindernis auf seinem Weg. Die Tür hat lange Widerstand geleistet. Der Lack weist Kampfspuren auf.

Aber der kleinste Chef der Welt hat gewonnen.

Respekt

Die Stimme der Frau dringt so laut durch das Telefon, dass ich den Hörer etwas weghalten muss. »Man hat Sie mir beim Bäcker empfohlen. Ich will einmal bei Ihnen vorbeikommen. Ich habe nur ein paar Fragen. Das kostet ja nichts, was? Ist ja nur für etwa eine halbe Stunde. – Antonio sei mal ruhig, Mutti telefoniert. – Also ich habe einen Yorkshireterrier – Antonio, Ruhe im Karton! –, und ich will noch einen zweiten Hund dazu ...«

»Einen Moment!«, unterbreche ich sie. »Ich muss Sie korrigieren, wenn Sie eine Beratungsstunde bei mir buchen möchten, kostet das selbstverständlich etwas.«

»Na ja, 'nen Zehner geb ich auch aus. Mein Yorki ...«

»Frau B., ich muss Sie dann bitten, sich an jemanden zu wenden, der einen Zehner nimmt. Ich nehme pro Stunde einen anderen Preis, nachzulesen auch auf meiner Website.«

»Ja, mein Gott«, ruft die Frau entnervt in den Hörer, »ich habe ja Geld, ich leite eine Firma mit 20 Angestellten, aber dass so ein bisschen Hunde-Pillepalle richtig Geld kostet ... – Antonio, komm da weg, aber dalli. So ist's feiiin, meine Zuckerschnute.«

»Dann sind Sie also auch eine Fachkraft«, frage ich interessiert, »und Sie arbeiten für 10 Euro?« Meine Stimme ist sehr sanft.

Kurze Stille.

»Also gut, einverstanden, ich buche eine Stunde bei Ihnen. Jetzt aber will ich endlich erklären, worum es geht. Mein Yorki, Antonio, ist behindert und schleift die Hinterläufe ein wenig nach. Weil ich ihn von der Züchterin ohne Fehler bekommen hatte, er dann aber bereits nach zwei Wochen diese Krankheit bekam, gab sie mir damals als Wiedergutmachung noch einen zweiten, gesunden Hund dazu.«

Ich mache große Augen. Ich bin in einem Kaufmannsladen: Der eine Hund ist fehlerhaft, da gibt es gratis noch einen dazu.

»Die haben sich durch die Behinderung von Antonio aber überhaupt nicht verstanden«, redet die Frau weiter. »Der Gesunde, eine Hündin, hat den Antonio immer gemobbt, und wir mussten sie wieder weggeben. Ich will jetzt also von Ihnen wissen, ob es eine Möglichkeit gibt, Antonio eine Gefährtin zu besorgen, ohne dass so etwas noch einmal passiert. – Wirklich, Antonio, musst du so einen Krach machen? – Also wie sehen Sie das? Haben Sie da eine Meinung?«

Ich schüttele mich kurz wie ein Hund, um einen klaren Gedanken zu fassen. »Ich kann das so nicht bestätigen, ich habe so etwas weder in meinem Rudel in Russland noch in meinem Rudel hier erlebt ...«

»Ich vertraue ja unserer Tierärztin, und die sagt, es geht nicht«, unterbricht mich die Frau.

»... und ich hatte immer auch einen behinderten Hund dabei, so wie jetzt den alten, taubblinden Viktor. Selbst wenn es unter Haushunden Mobbing geben würde, liegt es doch an den menschlichen Leitwesen, ob sie zulassen, dass ein Hund einen anderen mobbt. Es ist die Aufgabe des Menschen, in einem solchen Fall Regeln aufzustellen.«

»Wieso ist das die Aufgabe des Menschen?!«, ruft die Frau aufgebracht. »Hunde klären das doch untereinander. Das sagen alle. Und die Tierärztin und alle anderen meinen auch, dass es ganz natürlich ist, dass ein krankes Tier gemobbt wird.«

»Wenn Sie kein Vertrauen in mein Urteil haben, könnten Sie sich doch damit abfinden, dass ein Zweithund nicht möglich ist, weil Ihnen alle anderen sagen, dass es nicht geht. Ich verstehe daher Ihre Anfrage bei mir nicht«, erwidere ich ruhig. »Sie wollten meine Meinung hören, und ich äußere sie.«

»Aber kranke Tiere haben in der Natur doch nun mal Nachteile«, sagt die Frau.

»Ich denke, es handelt sich da um eine Verwechslung. Kranke Tiere fallen eher Fressfeinden zum Opfer als gesunde Tiere, oder sie bekommen nicht genügend Nahrung ab, weil sie bei der Jagd und Nahrungssuche eingeschränkt sind. Dadurch haben sie geringere Überlebenschancen als gesunde Tiere. Mit Mobbing hat das nichts zu tun. Das ist eine Verhaltensweise aus der Menschenwelt. Ich habe jedoch schon oft erlebt, dass Menschen einen behinderten Hund besonders verwöhnen und beschützen und dass der Zweithund darauf reagiert.«

»Natürlich verwöhnt man einen behinderten Hund besonders, das ist doch ganz klar«, antwortet die Frau.

»Für einen behinderten Hund ist das nicht so klar. Er

selbst nimmt sich oft gar nicht als behindert wahr, spürt jedoch, dass sein Mensch ihm auf sehr behutsame Art begegnet. Der Hund kann diese Zartheit nur als schwache Energie werten, und oft neigen diese Hunde dann dazu, ihre Menschen beschützen zu wollen, weil sie diese als schwach empfinden.«

»Mich muss mein Hund doch nicht beschützen!«, ruft die Frau energisch aus.

»Was ist er denn für ein Typ Hund?«, frage ich interessiert.

»Ein Yorki, das sagte ich doch schon«, erwidert sie gereizt.

»Ich meinte sein Wesen«, ergänze ich.

Die erste längere Pause.

»Also eigentlich temperamentvoll«, kommt es plötzlich zögerlich, »dann aber verkriecht er sich auch wieder stundenlang irgendwo. Am schlimmsten ist jedoch, dass er durch die Behinderung keinen Kontakt zu anderen Hunden haben kann.«

Ich verkneife mir einen erstaunten Kommentar über den letzten Teil dieser Auskunft und frage: »Wie äußert sich sein Temperament?«

»Nun ja, er bellt viel. Auf der Straße beim Gassigehen bellt er Hunde an, und abends stellt er sich auf den Balkon und bellt. Manchmal bellt er auch Menschen an.«

»Viel Arbeit für so einen kleinen Hund«, sage ich.

»Bitte? Wieso Arbeit? Er bellt doch gern, eben weil er Temperament hat«, erwidert die Frau entrüstet.

»Ich habe da eine andere Vermutung«, entgegne ich.

»Na, dann kommen Sie doch am besten vorbei, und schauen Sie ihn an«, kommt es genervt zurück. »Wie wäre es mit nächstem Mittwoch, da passt es mir.«

»Das tut mir sehr leid, aber ich habe den nächsten freien Termin erst in fünf Wochen.«

Die zweite längere Pause.

»In fünf Wochen?« Die Stimme der Frau klingt etwas leiser. »Gut, dann schlagen Sie etwas vor.«

Wir einigen uns auf einen Dienstag, um 18.00 Uhr.

Nachdem ich aufgelegt habe, klingelt sofort wieder das Telefon. Eine lautstarke Stimme will wissen: »Ist da das Dog-Institut?«

»Ja, wir haben doch gerade telefoniert«, antworte ich irritiert.

»Ach, Sie sind das Dog-Institut? Na so was. Der Mann beim Bäcker hat nur Ihren Namen genannt. Einige andere Hundebesitzer hatten mir aber auch noch das Dog-Institut empfohlen, und da wollte ich jetzt mal nachfragen, was die zu dem Thema sagen. Na, wenn Sie das sind, dann bin ich ja richtig bei Ihnen. Tschüss, bis bald.«

Ich schlucke etwas Säuerliches hinunter.

Ein paar Wochen später klingele ich an der Haustür von Frau B.. Sie erklärt mir durch die Gegensprechanlage den Weg in den fünften Stock. Dort angekommen sehe ich eine weit geöffnete Wohnungstür, in der einsam ein Häuflein

Hund zittert, das sehr leise und sehr heiser bellt. »Wuhu-
huuu, wuhuuh, wuh.« Außer dem heiseren Antonio ist niemand zu sehen.

»Hallo, ist da jemand?« Eine perfekt geschminkte Frau
meines Alters (ich bin Jahrgang 61) kommt telefonierend
um die Ecke, wuschelt dem Hund über den Rücken und sagt
zu mir: »Das ist er, Sie können ihn ja schon einmal begut-
achten. Ich habe noch ein Gespräch.« Weg ist sie.

Der kleine Kerl und ich schauen uns an. Sein Fell ist gescho-
ren, und er wirkt dadurch noch kleiner als ein ohnehin klein
geratener Yorki. Er schleicht um mich herum und zieht kip-
pelnd die Hinterläufe nach. Dabei bellt er hysterisch, aber
dennoch kraftlos leise und sieht steinalt aus. Mein fast acht-
zehnjähriger Rüde Viktor könnte in einem Theaterstück neben ihm glatt die Rolle des jugendlichen Liebhabers übernehmen. Ich hole meinen Terminplaner heraus und schaue
noch einmal nach. *Antonio, 4 Jahre,* steht da deutlich ge-
schrieben.

Ich blicke verdutzt auf das alt wirkende Hundemännchen
und gebe ein paar beruhigende Laute von mir, um ihn zu
besänftigen. Er rennt in die Richtung, in der die Frau ver-
schwunden ist, und dann zurück zu mir. Verzweifelt gibt
er sein Bestes, um Territorium, Frau und sich selbst zu beschützen. Sein Gebell erinnert an eine eingerostete Hupe.
Ich gehe nicht in die Wohnung hinein, weil ich von seinem
Einsatz gerührt bin und ihm gegenüber nicht respektlos
sein will. Mich macht es sprachlos, dass die Frau diesen kleinen Kerl ganz allein mit dieser Situation lässt.

»Sie hätten doch reinkommen können«, ruft die Frau bei ihrer Rückkehr und geht voran in das Wohnzimmer. Sie trägt pinkfarbene Edel-Jogginghosen, Flipflops und ein weißes, ärmelloses Oberteil mit sparsamem Strassbesatz. Die Einrichtung der Wohnung weist Geschmack auf – und eine starke Finanzlage. Designermöbel, Orientteppiche, teure Elektronik und Rattan auf der Dachterrasse.

»Bitte die Schuhe auszuziehen, die Putzfrau war gerade da«, sagt sie und weist auf meine Füße. Ich deute stumm auf die bereits angelegten Stoffüberzieher, die ich immer benutze. Sie registriert erstaunt diese Variante, den Boden sauber zu halten.

Im Zimmer überlässt sie mir die Platzwahl, denn es wird mir kein Platz angeboten. Ich entscheide mich für einen der zwei Sessel, die sich gegenüberstehen. Sie holt sich einen Stuhl vom Tisch in der Essecke und setzt sich rittlings darauf. Er ist viel höher als mein Sitzmöbel, und dadurch blickt sie aus zwanzig Zentimeter Höhe zu mir herunter. Ihre Arme verschränkt sie wie einen schützenden Schild über der Lehne. Jeder weitere Gesprächsversuch wäre reine Energieverschwendung für mich. Die Haltung der Frau signalisiert keine Aufnahmebereitschaft, sondern nur die Absicht, das Gespräch zu dominieren. Da ich beratend tätig bin, ist es wichtig, dass ich einen aufnahmebereiten Menschen vor mir habe oder dass ich mein Gegenüber dazu bringen kann, etwas Neues aufnehmen zu wollen.

Ich muss also die Frau dazu bewegen, ihre Körpersprache zu ändern, damit sich vielleicht auch ihre innere Haltung ändern kann. Ich stehe auf und bewundere die wirklich schöne Aussicht von der Dachterrasse, um dann neben und zugleich leicht hinter ihr stehen zu bleiben. Nun muss sie beim Reden zu mir aufschauen und sich dazu, fast die Balance verlierend, nach hinten beugen. Nach einigen vergeblichen Versuchen, mich durch Blicke wieder zum Sessel zu dirigieren, steht sie ebenfalls auf, geht selbst zum Sessel, setzt sich und bittet mich, ihr gegenüber Platz zu nehmen, was ich gern tue.

Sie redet die ganze Zeit über, so als dürfe sich kein Moment der Stille über diese Wohnung legen. »Sperrgebiet für die Stille!« könnte an der Wohnungstür stehen. Ihre Finger klopfen zu jedem Wort auf die Sessellehne.

»Antonio war als Welpe sehr krank...« Sie springt mitten im Satz auf, kehrt mit einem Aschenbecher und einer Packung Zigaretten zurück und bietet mir eine an. Meine Ablehnung kommentiert sie mit einem ironischen Lächeln und der Bemerkung: »Natürlich nicht...« Sie lässt offen, was sie damit meint. »20 Jahre waren genug«, füge ich hinzu, um deutlich zu machen, dass ich selbst Raucherin war. Sie blickt mich überrascht an und fragt etwas aufgeräumter, ob ich dann etwas trinken möchte. »Ja gern, ein Glas Wasser bitte.«

Sie kommt mit einem Glas Wasser und einem Glas Sekt zurück. Im Übrigen hat sie plötzlich eine riesige Sonnenbrille auf der Nase.

»Nicht dass Sie etwas Falsches denken, aber ich habe heute schon viel gearbeitet und brauche das jetzt zum Entspannen.« Sie kippt einen kräftigen Schluck hinunter und erzählt in plötzlich aufgeräumtem Ton weiter: »Also, der

Antonio war als Welpe sehr krank, und wir haben 3000 Euro in seine Behandlung gesteckt, damit er leben konnte, das Lahme hat er aber eben beibehalten.« Wuschel, wuschel über Antonios Rücken.

»Könnten Sie bitte die Sonnenbrille absetzen«, unterbreche ich sie, noch immer überrascht über den plötzlichen Kostümwechsel. »Ich sehe Ihre Augen sonst nicht.«

Sie setzt die Brille ab und erklärt: »Sie hat optische Gläser, ich sehe sonst nicht so gut.«

Ich wundere mich, wie man auf die Idee kommen kann, eine riesige schwarze Sonnenbrille als Sehhilfe in einem dunklen Raum zu verwenden, und frage mich, woher die plötzliche Notwendigkeit dafür kam. Ihr Blick springt jetzt jedoch so unruhig umher, dass es mir fast leidtut, sie um den Schutz der Brille gebracht zu haben.

Ihre starke Fahne, die langsam zu mir dringt, sagt mir, dass hier sehr viel mehr Alkohol im Spiel sein muss als nur ein Glas Nachmittagssekt.

»Ich glaube, er hätte gern eine Freundin, aber nach der Erfahrung mit der anderen Hündin sind wir uns nicht sicher, ob es klappen kann.« Ihr Tonfall klingt leicht und unbekümmert und steht im starken Widerspruch zu ihrer Unruhe.

Sie hebt Antonio mit einer Hand nach oben und drückt ihre Lippen dreimal schmatzend auf seinen Rücken. Antonio schaut dabei so unglücklich drein, dass ich mir vornehme, obwohl ich kein gutes Gefühl habe – bezüglich einer Verhaltensänderung der Frau und damit auch einer Veränderung seiner Lage –, für ihn zu kämpfen.

Die Frau muss meinen Blick bemerkt haben, denn sie

sagt belustigt über sich selbst und die Küsse: »Ja, ja, wir ver-
hätscheln ihn sehr.«

»Mit einem Bernhardiner ginge das nicht«, kommentiere
ich die plötzliche Fahrstuhlfahrt des kleinen Hundes zum
Mund der Frau. Sie lacht.

»Ich möchte Ihnen gern einmal mit einem Bild aus der
Menschenwelt verdeutlichen, wie sich Antonio fühlen
könnte, wenn er nur Zuneigung und keine Führung bekommt.« Ihr Kopfnicken, während sie aus dem Sektglas
trinkt, deute ich als Zustimmung.

»Sie erwähnten ja, dass Sie 20 Mitarbeiter führen. Würden Sie einen Mitarbeiter, der gerade neu bei Ihnen an-
fängt, auf seine Fragen zur Arbeitssituation über den Kopf
streicheln und ihm sagen, wie süß er ist? Oder würden Sie
ihm die Struktur der Firma und seine eigene Arbeit erklären, damit er so schnell wie möglich in seine Aufgabe findet?«

Sie blickt mich unentschlossen an, ich sehe jedoch, dass
das Bild in ihr arbeitet.

»Ich glaube, wenn Sie einem neuen Mitarbeiter den ganzen Tag nur Zuneigung schenkten, anstatt ihn zu führen und
einzuweisen, würde er am nächsten Tag nur sehr ungern
wiederkommen. Er wäre unsicher, wüsste nicht, welche Aufgaben ihm zufallen, würde bei jedem Blick Ihrerseits denken,
er habe vielleicht versäumt, sich um etwas zu kümmern. Er
würde entweder Übereifer entwickeln wie Ihr Antonio, oder
er würde sich zurückziehen, in der Hoffnung, mit seiner Un-
wissenheit nicht aufzufallen. Beides ist sehr anstrengend
und macht einsam. Nehmen Sie es mir nicht übel, dass ich
das sage, aber Ihr Hund sieht sehr einsam aus.«

Erschrocken blickt sie auf Antonio, den sie immer noch an ihren Busen presst, und zum ersten Mal sehe ich eine Regung des Mitgefühls in ihren Augen. »Stimmt, ich dachte das auch schon mal, dass er so *nur mit sich* wirkt. Aber ich führe ihn doch. Er bleibt am Straßenrand sitzen, und wenn er rumbellt, sage ich irgendwann ›Pfui‹, damit er aufhört.«

»Die Regel, am Straßenrand sitzen zu bleiben, funktioniert deswegen, weil Sie dieses Verhalten immer und an jeder Straße eingeübt haben. Für ein spontanes ›Stopp‹ jedoch, in Situationen, die plötzlich auftauchen, bedarf es der Kenntnis, wie man einen Hund in allem und zu jeder Zeit stoppen kann.

Ein Hund, der zum Beispiel gelernt hat, vor dem Futternapf zu warten, handelt konditioniert. Das ist nicht das ›Stopp‹, das ich meine. Er nimmt das Futter deshalb nicht, weil er es genau dafür bekommt, dass er wartet. Wenn derselbe Hund jedoch im Gebüsch ein Stück Kebab findet, und Sie können ihn aus 100 Meter Entfernung mit einem Warnlaut davon abhalten, es zu fressen, dann verwenden Sie ein wirkliches ›Stopp‹, das mit Führung zu tun hat.

Auch wenn Antonio spontan bellt, brauchen Sie ein ›Stopp‹, das funktioniert.«

»Wie soll das gehen?«, fragt die Frau ungläubig und stellt ihr Sektglas auf den Tisch.

»Ist Antonio darauf konditioniert, vor Futter zu warten?« Die Frau schüttelt den Kopf.

Ich hole aus meinem Rucksack die Tupperdose mit dem Putenfleisch und halte sie der Frau geöffnet hin.

»Wie würden Sie Antonio mitteilen, dass die Dose tabu

ist, wenn sie auf dem Fußboden steht und wir den Raum verlassen?«

Die Augen der Frau werden groß. »Das klappt doch nicht. Dazu ist das doch viel zu lecker.«

»Nicht leckerer als ein Kebab«, erwidere ich.

Sie setzt den Hund auf dem Boden ab, stellt die Dose hin, und Antonio schießt katapultartig, wenn auch wackelig, mit einer Schnelligkeit, die ich ihm nie zugetraut hätte, nach vorn. Die Frau reißt die Dose hoch und drückt sie erschrocken an ihre Brust.

»Hab ich doch gesagt, dass das nicht funktioniert«, sagt sie vorwurfsvoll.

»Vor allem haben Sie Antonio nicht gesagt, dass die Dose tabu ist«, entgegne ich lachend. »In seinen Augen haben Sie eine Dose mit paradiesischem Inhalt auf den Boden gestellt und freigegeben. Deshalb hat er sich auf sie gestürzt.«

»Wenn ich jetzt dazu ›Pfui!‹ sage, stürzt er trotzdem nach vorn, schauen Sie.« Sie knallt die Dose auf den Boden und ruft: »Pfui!« Antonio verschwindet mit seinem Kopf in den Tiefen der eigentlich kleinen Tupperdose. »Pfui, pfui, pfui!« Antonio schlingt hinunter, was er fassen kann. Die Frau greift ihm ins Nackenfell und zieht ihn weg. »Sehen Sie, es wirkt gar nicht!«, sagt sie nun fast verärgert.

»Wenn Ihr ›Pfui!‹ ›Stopp‹ bedeuten soll und damit Gelb auf einer Ampel darstellen würde, dann waren Sie gerade eine Ampel, die viermal auf Gelb gesprungen ist, ohne dass Rot gekommen wäre. Eine solche Ampel ignoriert man, weil sie kaputt ist, und überquert die Straße einfach. Es ist ja niemals die Farbe Gelb, die uns zum Stehen bringt, sondern das Wissen um das darauf folgende Rot und den Crash, zu dem es kommen würde, wenn wir der Information ›Stopp‹ nicht folgten. Die Nichtbeachtung Ihres ›Pfui!‹ muss Konsequenzen haben.«

»Ich schlage ihn nicht«, ruft die Frau empört.

»Um Gottes willen.« Ich hebe beide Hände und bin erschrocken über diese prompte Assoziation.

»Ein Leithund würde ein anderes Rudelmitglied in solch einer Situation doch auch nicht schlagen, auf den Rücken werfen oder beißen. Dann wäre er kein Leithund. Je nach Souveränität würde er als Konsequenz streng blicken, in eine Bewegungseinschränkung gehen oder einen Warnschnapper setzen. Sie können das mit zwei Fingern...« – mit einem Blick auf den Hund korrigiere ich mich – »... mit einem Finger imitieren. Ich mache es Ihnen einmal vor.«

Ich nehme der Frau die Dose aus der Hand. Antonio fiept sich danach zu meinen Füßen bereits die Seele aus dem Leib.

Ich stelle die Dose auf den Boden, begleitet von dem Geräusch »Ssst«, welches Antonios künftiges »Stopp« sein soll.

Der Hund hechtet wackelnd nach vorn, ich hechte auf die Knie und stupse ihn mit einem Finger in die Seite. Er bleibt unbeeindruckt und hat seinen Kopf schon fast in der Dose. Ich schiebe ihn vor der Brust mit leichtem Schwung zurück. Er schaut mich verdutzt an und kämpft sich wieder nach vorn. Mir bleibt keine Zeit, mich über die Energie zu wundern, die überraschenderweise in dem kleinen Kerl steckt, denn ich bin damit beschäftigt, jedes Hamsterbeinchen, das sich, nachdem ich eine Bewegungseinschränkung gab, trotzdem nach vorn bewegt, mit einem »Ssst« zu belegen, sowie damit, Antonios Brust eine neue Bewegungseinschränkung zukommen zu lassen, wenn er auf mein »Ssst« nicht hört.

Da seine Rammbocktaktik keinen Erfolg hat, wechselt er die Strategie und bellt mich an. »Wu hu hu hu.« Er ist ehrlich empört darüber, dass ein Mensch es wagt, ihm etwas vorzuschreiben. Ich spüre, dass er noch nie eine Grenze durch einen Menschen kennengelernt hat.

Die Frau schlägt entsetzt die Hände vor den Mund. »Aber er fürchtet sich doch zu Tode«, ruft sie, während Antonio sich gerade in einen neuen Wutanfall hineinsteigert.

Ich blende sie aus und gehe betont gelangweilt von der Dose weg. Antonio sieht seine Chance und wackelt nach vorn.

»Ssst.« Er bleibt stehen. Dann wackelt er noch einen halben Schritt und sieht mich prüfend an. Ich schiebe ihn blitzschnell zurück und gehe wieder von der Dose weg. Jetzt nimmt Antonio Abstand, setzt sich zwei Meter von mir entfernt hin und blickt mich mit schiefem Köpfchen fragend an. Herzlich willkommen, denke ich und lächle.

»Sie haben ihn doch verängstigt«, wirft die Frau mir vor. Ich deute auf Antonio. »Sieht so ein Hund aus, der Angst hat?« Die Frau betrachtet ihren Hund und ist unschlüssig.

»Antonio«, rufe ich den kleinen Kerl freundlich und klopfe mir, noch immer kniend, mit der Hand einladend auf den Schenkel. Antonio kommt schwanzwedelnd auf mich zugetorkelt und macht einen großen Bogen um die Dose. Er klettert auf meine Knie und leckt mir die Hand.

»O…kay«, sagt die Frau betont langsam. »Angst hat er

also nicht, aber warum hält er dann den Kopf so nach unten?« Sie deutet auf die leicht gesenkte Haltung des Hundekopfes.

»Hunde drücken so ihren Respekt vor einem anderen aus«, antworte ich. »Ich habe ihm gerade eine Grenze gesetzt und offenbar in den Augen von Antonio Kompetenz erlangt. Er könnte mir jetzt auch in einer für ihn gefährlichen Situation die Verantwortung übertragen und nicht mehr bellen müssen, um die Gefahr selbst zu vertreiben. Ansonsten würde ich ihn einfach stoppen.«

»Das möchte ich sehen«, ruft die Frau. »Ich klingele jetzt draußen an der Wohnungstür, und dann stoppen Sie ihn mal, wenn er bellt!« Sie läuft in den Flur, öffnet die Wohnungstür, und ich bremse Antonio mit einem »Ssst«, denn er will sofort hinterher und sie kontrollieren.

Als es klingelt, wirft sich Antonio in die schmächtige Brust und lässt seine verrostete Hupe erklingen: »Wuuhuuh, wuhuuh, wuuh.«

»Okay«, sage ich freundlich, um ihm mitzuteilen, dass ich seine Information über die Eindringlinge wahrgenommen habe, und übernehme dann die Führung der Situation. »Ssst!«

»Wuuuh.«

Ein strenger Blick meinerseits.

Stille.

Die Frau klingelt noch einmal.

»Wu…«

»Ssst.«

Stille.

Die Klingel.

»W...«

»Ssst.«

Stille.

Die Klingel.

Stille.

Klingel. Klingel. Klingel.

Antonio versteckt sich hinter mir.

Die Frau kommt wieder herein. Sie zeigt jetzt ganz offen ihr Erstaunen, setzt sich zu uns auf den Boden, vergisst das Sektglas auf dem Tisch und blickt auf ihren Hund.

»Ich hab immer gedacht, es reicht, wenn ich ihn verwöhne«, sagt sie leise. Ich schweige und möchte diesen Moment am liebsten in ein Gefäß abfüllen, denn mir ist völlig klar, dass er sich nach meinem Fortgehen in Luft bzw. Sekt auflösen wird.

»Was mache ich denn jetzt?«, fragt die Frau fast kindlich und mit einem offenen Gesichtsausdruck.

»Ich würde Ihnen empfehlen, mit Antonio einen Führungskurs in meiner Hundeschule zu besuchen. Dort lernen Sie, wann es nötig ist, Antonio zu führen, und wie Sie das bewerkstelligen und wann es in Ordnung ist, ihn einfach sein zu lassen. Auch würden Sie ihn dort mit anderen Hunden erleben und könnten sehen, dass er nicht gemobbt wird, weil er behindert ist. Antonio hat Kraft und Willen in sich, das spüren die anderen Hunde auch. Er scheint mir nur müde und abgekämpft von der Arbeit an all seinen Fronten zu sein. Wenn Sie jedoch die Führung übernehmen, könnte Antonio sich davon erholen.«

»Oh je«, die Frau kratzt sich am Kopf. »Ich führe schon

den ganzen Tag bei der Arbeit. Wie gesagt, ich leite eine Firma mit 20 Mitarbeitern.«

Unbewusst hat sie den eigentlichen Kern des »Hunde-Problems« angesprochen. Antonio ist offenbar ein emotionaler Rückzug für sie, wenn sie nach Hause kommt. Er steht dafür, loszulassen, weich sein zu dürfen und nicht kontrolliert handeln zu müssen.

»Ich verstehe Sie«, sage ich ehrlich berührt. »Es wäre dennoch sehr wichtig für Antonio, ihm auch zu geben, was ER braucht. Er weiß nicht, dass Sie tagsüber noch eine andere Gruppe führen und abends müde in die eigene Familie zurückkehren. Er nimmt Sie so, wie Sie für ihn sind. Er spürt Ihre schwache Energie und will Sie beschützen. Über einen zweiten Hund würde Antonio sich vielleicht freuen, doch dieser könnte Sie dennoch nicht ersetzen. Zudem müssten Sie dann auch noch Energie für diesen zweiten Hund aufbringen.«

Die Frau schluckt und schaut betroffen auf den Boden.

»Wann sind denn diese Kurse, ich muss da mal mit meinem Mann sprechen.«

»Ich habe die Visitenkarten mit dem Hinweis auf meine Website, auf der Sie alle Informationen finden, leider im Auto, aber ich kann Ihnen die Adresse aufschreiben, wenn Sie einen Zettel haben.«

Sie schüttelt den Kopf. »Nein, ich komme mit runter, dann können Sie mir die Karte geben.«

Ich steige in mein Auto und fahre die Scheibe herunter. Als ich der Frau die Karte geben will, hebt sie Antonio mit einer Hand nach oben. Ihre rechte Hand umschließt seinen

Brustkorb, der Rest des Hundes hängt strampelnd in der Luft. Seine Augen blicken mich hilflos an.

Bei der Abfahrt sehe ich im Rückspiegel, wie die Frau die Pfote des Hundes nimmt und ein Winken imitiert. Es ist das letzte Bild, was ich von ihm mitnehme.

Ich habe ihn nie wiedergesehen.

Die Tankstelle

Ein Jahr lang leitete ich als psychologische Heilpraktikerin (für Menschen) eine Gruppe von Frauen mit Essstörungen. In dieser Zeit kam der verhaltensgestörte Hund Viktor zu mir, und da ich ihn anfangs immer bei mir hatte, erlebten die Frauen seine seelische Gesundung von Woche zu Woche mit. Eine der Frauen war die esssüchtige Helen. Sie verfolgte Viktors Entwicklung mit besonderer Aufmerksamkeit. Über das Verschwinden seiner Ängste, die im Prinzip alle Ängste umfassten, die ein Hund haben kann, war sie sehr verblüfft und hatte viele Fragen dazu.

»Ich habe jetzt auch einen Hund!«, ruft Helen Jahre später freudig durchs Telefon. »Und er hat auch so viel Angst wie Viktor damals!«, fügt sie fast stolz hinzu.

Ich muss mich setzen. »Aber warum und woher?«, frage ich fast entsetzt.

Ihr Tonfall wird etwas zurückhaltender. »Aus Portugal. Er lebte dort an der Kette und hat vor allem Angst, weil er zudem noch gequält wurde und nichts kennt.«

»Helen, wie bist du denn auf einen Hund gekommen?«, frage ich noch immer überrascht.

»Aber ich will doch einen, seit ich Viktor damals erlebt habe, das hatte ich doch erzählt.«

Ich grabe in meinen Erinnerungen aus dieser Zeit und finde nichts dergleichen.

»Ich brauche dich jetzt zur Hundetherapie«, sagt Helen sehr bestimmt. »Denn ich weiß nicht so recht, wie ich vorgehen soll«, fügt sie leiser hinzu.

Wir verabreden einen Termin.

Sie ist noch dicker geworden. 130 Kilogramm, wie sie sagt. Nachdem sie durch die Gruppenbehandlung 15 Kilogramm abgenommen hatte, waren danach wieder 20 Kilogramm dazugekommen. Wie sich herausstellt, hat dies Helens ohnehin geringes Selbstwertgefühl weiter beträchtlich geschwächt, und sie brauchte all die Jahre, um den Entschluss, einen Hund aufzunehmen, in die Tat umzusetzen. »Ich hab mir gar nichts mehr zugetraut. Schon gar nicht, einen Hund zu erziehen.«

»Und woher kam dann der Entschluss, einen aufzunehmen?«, frage ich mit Blick auf die rote Fellschnauze, die unter einem Küchenbuffet hervorlugt.

»Eine Frau hier aus der Straße hatte ihn aus Portugal mitgebracht, um ihn zu retten. Er lag bis auf die Knochen abgemagert an einer Kette und hatte viele Brandwunden.

Sie hat dann aber nach einem Monat überall Zettel geklebt, ob jemand den Hund haben will, weil sie es nicht geschafft hat. Der Hund ist zu ängstlich und fasst kein Vertrauen, sagt sie.«

»Und warum hast du ihn dann genommen?«

Sie blickt auf ihre gefalteten, weichen Hände und schluckt. »Die Frau ist sehr schön und selbstbewusst, und ich habe immer gedacht, dass sie alles kann, was ich nicht kann.«

»Du willst damit sagen, dass du an diesem Hund beweisen willst, dass du etwas kannst, was sie nicht konnte?«, will ich wissen.

»Vielleicht ein bisschen«, erwidert sie leise.

Ich seufze und blicke auf die kleine Schnauze, über der mich ein Paar hellbraune Augen ängstlich anschauen.

Ich bespreche mit Helen zuerst das Rahmenprogramm, um festzustellen, ob sie sich tatsächlich im Klaren darüber ist, was hier zu leisten ist, und stelle erstaunt fest, wie entschlossen sie bleibt. Der kleine Portugiese heißt jetzt Alfons und lebt seit einer Woche bei ihr. Ich empfehle ihr Bachblüten als begleitendes Hilfsmittel zur Therapie, weiterhin simulierte Pheromone auf ein Tüchlein um den Hals und als Steckdosenduft sowie ein Hunde-T-Shirt als Bandageersatz (Sie kennen das von Unfallopfern, die einen Schock erlitten haben und eng in eine Decke gewickelt werden, oder von Babys, die Angst haben und ganz eng eingewickelt werden, um sich zu spüren).

Weiterhin empfehle ich ihr, nur aus der Hand zu füttern oder Futter zu werfen und nicht ständig nach Alfons zu schauen, sondern ihn nach ihr schauen zu lassen. Wichtig ist, dem Hund zu zeigen, dass sie selbstsicher ist.

Beim zweiten Mal gehen wir auf die Straße. Alfons hat eine Schulterhöhe von etwa 30 Zentimeter und versucht, unter, hinter und zwischen all die Dinge zu gelangen, die Schutz bieten könnten. Abfallbehälter, Autos, eine Blumenrabatte – alles gute Versteckmöglichkeiten. Helen bleibt stehen und ruft mit dünner Stimme: »Alfons, komm wieder her, na komm.«

Alfons zittert hinter einem Abfallbehälter.

»Du darfst auf gar keinen Fall immer stehen bleiben, wenn Alfons in seiner Angst stehen bleiben will. Du sagst ihm sonst: ›Stimmt, Gefahr im Verzug! Ich habe genau solche Angst wie du.‹ Dann stehen zwei Angsthasen im unheimlichen Dschungel der Großstadt. Stell dir vor, du würdest von einer Elefantenkuh entführt und landest in der Savanne. Dort siehst du in der Dämmerung Schatten, die sich bewegen, und hörst Geräusche, die du nicht zuordnen kannst. Du erstarrst und schaust zu der Elefantenkuh, um zu sehen, wie sie das Ganze aufnimmt. Sie bleibt ebenfalls stehen und blickt zwischen dem, was du als Gefahr wahrnimmst, und dir hin und her. Du würdest dann annehmen, dass du ganz besonders in Gefahr oder für die Gefahr zuständig bist. Auf jeden Fall hättest du nicht das Gefühl, es wäre gar keine Gefahr vorhanden. Würde die Elefantenkuh jedoch einfach weiterlaufen und auf das, was du wahrgenommen hast, gleichmütig reagieren, wärst du sicher sehr erleichtert.«

Helen lacht: »Also figürlich gäbe ich ja schon mal eine gute Elefantenkuh ab, den Rest schaffe ich auch.«

Tatsächlich überrascht sie mich in der nächsten Stunde, die wir draußen verbringen, mit einem so selbstbewussten Gang, wie ich ihn ihr nicht zugetraut hätte. In ihrer Beleibtheit hat sie etwas von einem Matrosen, der wacker über ein schwankendes Schiff läuft. Alfons hat seine Verstecke aufgegeben und erkundet jetzt schnüffelnd die Nachbarschaft. Dabei scannt er die Umgebung jedoch noch immer ängstlich nach potentiellen Gefahren ab.

Zu Hause zeige ich Helen eine Übung, durch die Alfons

lernen soll, sich Hilfe bei ihr zu holen, wenn er nicht weiterweiß. Schließlich hat der Hund bisher nicht die geringste Erfahrung damit, sich Hilfe bei einem Menschen zu suchen. Wir setzen uns auf den Fußboden. Helen hält dem Hund eine Handvoll Futter vor die Nase und öffnet sie nicht. Alfons leckt an der Hand. Klemmt den Schwanz ein und rennt weg. Kommt wieder und blickt auf die Hand. Stupst sanft mit der Nase dagegen. Rennt weg. Kommt wieder. Er kommt gar nicht auf die Idee, Helen anzuschauen. Bei dieser Übung sieht man sehr deutlich, ob ein Hund gelernt hat, sich bei (s)einem Menschen Hilfe zu holen, wenn er mit etwas nicht weiterkommt, und ob er einem Menschen eine solche Hilfe überhaupt zutraut.

Helen ist sehr enttäuscht. Ich ermuntere sie zu warten.

Tatsächlich: nach zehn Minuten ein ganz kurzer, irritierter Blick zu Helen. »Prima«, rufe ich, denn Helen selbst hat den Blick gar nicht als solchen wahrgenommen, und öffne ihre Hand. Alfons frisst. »Auch für einen ganz kurzen Wimpernschlag in deine Richtung kannst du den Hund erst einmal loben«, sage ich, und wir probieren es weiter. Der kleine Kerl blickt nach einiger Zeit wieder ganz kurz zu Helen. Man sieht ihm an, wie viel Überwindung es ihn kostet, einem Menschen in die Augen zu schauen. Dass der direkte Blick eines Menschen nicht jedes Mal eine Drohung darstellt, wissen nur Hunde, die bereits an Menschen angepasst sind. Alfons kennt nur das Leben allein an der Kette.

Dieses Mal hat Helen gut aufgepasst und lobt Alfons sofort.

Danach geht alles ganz schnell. Alfons ist ein Blitzmerker,

und das erste Spiel mit einem Menschen fängt an, ihm richtig Spaß zu machen.

Danach lege ich ein Leckerli vor seine Schnauze, und Helen hält die Leine so fest, dass er nicht herankommt. Er müht sich nur einen Moment, blickt dann hinter sich und schaut Helen an. Sie lässt ihn sogleich an das Leckerli. Alfons hat heute eine wichtige Lektion erlernt: Man kann einen Menschen um Hilfe bitten.

Als Hausaufgabe gebe ich beiden »Touch« auf. Bei dieser Übung soll Alfons lernen, bei dem Signal »Touch« mit der Schnauze Helens Hand zu berühren. Das Problem ist, dass Helen sich durch ihr Gewicht nicht so tief bücken kann. Also nehmen wir einen langen Holzrührlöffel, an den Alfons mit der Nase tippen soll, wenn sie ihn nach unten hält. Zu Anfang kann sie etwas Leberwurst auf den Löffel schmieren, damit er ihn berührt. Dann bleibt der Löffel blank, und für jede Berührung gibt es ein Leckerchen von Helen. Später, in den richtigen Situationen angewandt, wird die Berührung selbst zur Belohnung, weil sie den Hund von dem ablenkt, wovor er sich sonst ängstigt. Dann muss kein Leckerchen mehr gegeben werden.

Zur nächsten Stunde erwarten mich beide unten vor dem Haus. Es ist ein herrliches Bild. Die große Frau mit den roten Haaren, der kleine rot-weiß gefleckte Hund und als Verbindung zwischen ihnen ein langer Holzlöffel, der von Helens rechter Hand bis zu Alfons Schnauze reicht. Sie erscheint mir heute eher stattlich als dick, und ich vermute, dass dies an ihrer neuen, selbstbewussten Haltung liegt.

Durch unsere einjährige Arbeit in der Gruppe weiß ich,

dass Helen immer an Männer geriet, die ihr emotional nichts gaben. Es war, als hätte sie ein inneres Navigationsgerät, das sie zu solchen Männern führte. Offenbar war es von ihrem Vater eingestellt worden, der noch immer im Haus über ihr lebte und sich in jeder Hinsicht wie ein Kind von ihr versorgen ließ. Ein anerkennendes Wort jedoch hatte er für sie noch nicht gefunden.

Sie verliebte sich stets äußerst hoffnungsvoll und mit glühenden Wangen und erfror bereits nach wenigen Wochen. Die jeweiligen Männer behandelten sie schlecht, beleidigten sie, respektierten sie nicht und verachteten sie, obwohl oder weil sie alles für sie tat. Ihre einzige emotionale Tankstelle war der Kühlschrank.

Nun hat Helen offenbar eine neue Tanke gefunden. Ich habe noch nie so viel Schaffenslust in ihren Augen gesehen. Als wir die Straße entlanglaufen, zeigt sie mir, wie toll Alfons bei jedem Kommando mit der Schnauze an den Löffel tippt. Plötzlich kommt ein Müllmann aus einem Haus und schiebt einen Container laut ratternd über den Fußweg. »Touch«, ruft Helen im richtigen Moment. Alfons, der sich früher sofort versteckt hätte, läuft mit der Nase am Holzlöffel am Geratter vorbei.

Der Hintergrund dieser Übung besteht darin, dass ein Hund, der durch seine Angst normalerweise einen Kontrollverlust erlebt, etwas tun darf, über das er die Kontrolle hat. Es ist absolut simpel und funktioniert bei fast allen Hunden, die gerne Aufgaben erfüllen. Natürlich wird Helen später nicht mehr mit einem Löffel durch die Gegend marschieren. Er dient jetzt nur als Hilfsmittel, um Alfons eine Alternative zu bieten und Angst abzubauen.

Plötzlich sehen wir auf der anderen Straßenseite einen Mann mit einem belgischen Schäferhund. Er schaut zu uns herüber und lächelt abfällig über unsere Löffelübung. Helen senkt sofort den Kopf. »Den kenne ich, der findet mich eklig und hat mich schon oft beleidigt.«

»Wie?«, frage ich.

»Na ja, mit ›fette Sau‹ und Ähnlichem.«

Der Mann wechselt extra die Straßenseite und kommt genau auf uns zu. Seine rechte Hand hat er dabei in der Tasche. An den »Junkie-Augen« der Hündin und der Art ihrer Bewegungen ist zu sehen, dass er offenbar einen Ball in der Tasche hat. Um den Druck, den das Warten auf den Ball bei ihr auslöst, auszuhalten, rennt sie fiepend in geduckter Haltung immer einen Meter von dem Mann weg und dann wieder auf ihn zu. Dabei blickt sie ihn süchtig an und versucht, durch dieses beschwörende Verhalten den Ball aus ihm herauszulocken. Es ist nachgewiesen, dass Hunde eine Sucht auf die Jagd nach dem Ball entwickeln können, und vor uns befindet sich einer der traurigen Beweise dafür. Eine Sucht ist schrecklich. Der Mann jedoch nutzt diese hier auch noch schamlos für etwas Gemeines aus. Er kommt grinsend auf uns zu und ist unglaublich stolz darauf, dass die Hündin so auf ihn fixiert wirkt. Wenn man nicht weiß, warum sie ihn süchtig anschaut, wird man als Hundebesitzer natürlich sofort neidisch auf die große Aufmerksamkeit, die die Hündin ihm schenkt.

Der Mann macht uns also gerade etwas vor. Helen ist leider noch immer so beeindruckt und eingeschüchtert, wie er es beabsichtigt hat, und schaut betrübt auf den Boden. Ich bin so sauer über diesen Rückschlag, dass ich in meine gut ausgestattete Trainertasche greife, einen Ball fest in meiner Hand verschließe, ihn vor der Hündin kurz aufblitzen lasse und auf die Nachbarwiese werfe. Sicher ist das kindisch von mir, aber ich gönne uns einfach den Effekt, den das Ganze verursacht. Die Hündin rast wie ein abgeschossener Pfeil hinter dem Ball her und bringt ihn sogar zu mir zurück, pflichtbewusst wie sie als Schäferhund nun einmal ist. Klasse. Der Gesichtsausdruck des Mannes ist eine Entschädigung für die vorangegangene Verärgerung. Er ist so verblüfft über die Wendung, dass er tatsächlich einfach mit offenem Mund weitergeht und nur energisch »Shiva« ruft. Ich verkneife mir, ihn noch einmal in Konkurrenz mit dem Ball treten zu lassen. Er hätte keine Chance.

Nach ein paar Wochen ist Alfons bereits ein aufgeweckter kleiner Hund. Helen hat neben einer guten Führung den Clicker entdeckt, einen Knackfrosch, mit dessen Geräusch man dem Hund gewünschtes Verhalten anzeigt. Sie zeigt mir immer neue Tricks, die der kleine Kerl mühelos erlernt. Sie beweist dabei viel Humor und Erfindungsgeist. Alfons hängt quasi an ihren Lippen, die jetzt übrigens durch Lippenstift betont werden. Auch Helens Frisur ist neu. »Ich habe in den zwölf Wochen bereits 20 Kilogramm abgenommen«, verkündet sie stolz.

Ich zeige ihr immer mehr Dinge, die Alfons Sicherheit vermitteln und auf ihre eigene Souveränität schließen lassen. Auf der Straße gibt sie die sicherste »Elefantenkuh« ab, die man sich vorstellen kann, und ich bin hocherfreut und sehr stolz auf ihre wöchentlichen Fortschritte.

Nach weiteren Wochen meldet sie sich und Alfons zum »Agility Hindernissport« an. Dass sie dabei rennen muss, kostet Helen anfangs einige Überwindung. Es sieht ungeschickt und schwerfällig aus, und ihr großer Busen wippt gewaltig. Alfons jedoch ist dafür umso beweglicher und schmachtet Helen mit seinen bernsteinfarbenen Augen an.

Ein Jahr ist vergangen. Ich sehe einen kleinen, rot-weiß gefleckten Hund auf der Schönhauser Allee. Er läuft brav an der Leine, neben einer gut angezogenen Frau, die mit Würde und Schick mehr Raum einnimmt als eines der Models an den Plakatwänden. Tatsächlich sind es Alfons und Helen. Sie hat 51 Kilogramm Gewicht verloren, wie sie sagt, und ein sehr schönes Gesicht ist nun aus all dem Speck aufgetaucht. Als wir uns verabschieden, fällt mir ein junger Mann auf, der sich ganz offenbar nicht nur wegen des kleinen hübschen Hundes nach ihr umdreht.

Ich beiße, wenn du beißt

Ich stehe in den Türrahmen einer fremden Wohnung gelehnt und betrachte zwei ältere Menschen, die einträchtig nebeneinander auf dem Sofa sitzen. Die Frau hält die Fernbedienung in der Hand und sieht die Abendausgabe der Tagesschau. Der Mann hat seine Hände über dem Bauch gefaltet und blickt auf einen Rauhaardackel, der friedlich am Boden schläft. Eine Idylle, bei der auch ich müde würde, wenn ich nicht noch eine Aufgabe vor mir hätte.

»Wer steht auf?«, fragt die Frau ihren Mann, was übersetzt soviel heißen könnte wie: »Komm, sei ein Kavalier, und mach du das.«

Der Mann stöhnt und blickt auf den Hund. »Aber er beißt mich doch«, erwidert er, offenbar in der Hoffnung, seine Frau würde ihre Forderung fallenlassen.

»Na, aber sonst beißt er mich!«, sagt die Frau und deutet mit dem Zeigefinger empört auf ihre Brust.

Dieser Betrachtungsweise etwas entgegenzusetzen übersteigt die rhetorischen Fähigkeiten des Mannes. »Guter Hund«, flüstert er beschwichtigend und steht auf. Zack, schießt der Kopf des Hundes herum. Der Mann wird auf das Heftigste gemaßregelt, weil er sich bewegt hat. Er setzt sich sogleich wieder hin und hält sich das schmerzende Bein. »Siehst du, er hat mich gebissen«, sagt er zu seiner Frau.

»War ja klar, deshalb haben wir die Frau Nowak ja hier«, antwortet diese gelassen.

»Aber Sie müssen doch irgendwann einmal aufstehen. Wie haben Sie das denn bisher gelöst?«, frage ich entgeistert über diesen Vorgang, der hier offenbar zum Alltag gehört.

Die Frau hält kommentarlos einen Maulkorb in die Luft.

Ich setze mich auf einen Stuhl, in der Hoffnung, ihn später auch wieder verlassen zu dürfen, und erkundige mich, wie es sich in anderen Situationen verhält.

Schnell stellt sich heraus, dass Benny den kompletten Alltag des Ehepaars kontrolliert. Er bewacht beide auf Schritt und Tritt und weicht tagsüber nie von ihrer Seite. Entfernt sich nur einer von ihnen, verdoppelt sich die Kontrollstrecke sogar, denn Benny folgt dann dem Einen, behält aber auch den Zurückgebliebenen im Auge, indem er immer hin und her rennt.

Mir wird klar, dass Benny, der den ganzen Tag über seine Gruppe beschützt und kontrolliert, abends todmüde ist und einfach nicht mehr kann. Er hat keine Kraft mehr, seinen Menschen weiter hinterherzulaufen, deshalb haben sie endlich sitzen zu bleiben. So weit verstehe ich ihn. Seine rabiate Art jedoch verwundert mich, macht er doch sonst auf mich einen eher zurückhaltenden, unterwürfigen Eindruck.

Ich bitte die Frau, Benny den Maulkorb umzulegen und dann aufzustehen. »Lassen Sie Ihren Hund bitte einmal an seinem Platz bleiben, während Sie den Raum verlassen.«

»Da bleibt er sowieso nicht«, sagt die Frau, während sie Benny den Maulkorb umlegt. »Das kann er einfach nicht.«

»Früher hat er das ganz sicher gelernt«, erwidere ich amüsiert. »Seine Hundemama hat ihn bestimmt an einem Platz halten können. Stellen Sie sich vor, eine Hündin, die ihre Welpen im Freien großzieht, würde es nicht schaffen, die Kleinen in einem Gebüsch zu halten, wenn sich gerade eine große Bache nähert.«

»Hier kommt keine Bache«, sagt die Frau.

»Sind Sie sicher?«, frage ich lachend.

Die Frau lacht nicht. Sie schnappt sich den Hund, zerrt ihn am Halsband auf seinen Platz und schreit: »Bleib! Da bleibst du!« Dabei starrt sie ihn mit einem aggressiven Gesichtsausdruck an und hält ihren ausgestreckten Arm wie einen Abstandhalter vor sich hin.

Benny kriecht drei Schrittchen auf sie zu.

»Zuuurück!«, schnauzt sie ihn in zackigem Tonfall an.

Benny klemmt die Rute ein und geht unter dem Stubentisch in Deckung. »Wuuuu, wuuuu, wu!«, beschwert er sich, soweit es der Maulkorb zulässt.

»Sehen Sie«, sagt die Frau fast triumphierend, »er bleibt nicht, und jetzt bellt er mich sogar noch frech an.«

»Er hat Angst vor Ihnen«, erwidere ich ruhig.

»Quatsch«, ruft sie abfällig und stürzt verärgert nach vorn. Sie greift unter den Tisch, zerrt den erschrockenen Hund hervor und schlägt ihm dreimal auf den Hintern. Seine Augen sind geweitet, und er würde die Frau mit seinen Bissen verletzen, wenn der Maulkorb ihn nicht daran hindern würde.

»Stopp! Hören Sie auf! Was machen Sie denn?!«, rufe ich entsetzt.

»Sehen Sie denn nicht, dass er mich wieder beißen will!«, schreit sie erregt.

»Weil Sie ihn geschlagen haben!«, entgegne ich und werde nun auch wütend.

»Quatsch, ich schlage ihn, weil er beißt«, behauptet die Frau.

Ich nehme ihr kommentarlos den Hund weg und hocke mich zu ihm auf den Boden. Er legt sich sofort platt zwischen meine Beine. Der Mann blickt betreten nach unten, und ich spüre, dass ihm die Situation sehr unangenehm ist.

Ich atme ruhig. Dann wende ich mich an die Frau: »Es ging darum, dass Sie Ihrem Hund sagen, er solle an einer Stelle bleiben, nicht?«

»Ja, und da ist er nicht geblieben!«, antwortet sie in scharfem Ton und setzt sich hin.

»Er ist nicht geblieben, weil Sie in seiner Sprache etwas völlig anderes ausgedrückt haben, als dass er bleiben soll«, erwidere ich, um einen Erklärungsversuch zu starten.

»Wie, in SEINER Sprache?«, äfft sie mich zynisch nach.

Mich bestürzt es immer wieder, wenn Menschen infrage stellen, dass es auch noch andere Sprachen gibt als die ihre. In Portugal stand ich einmal neben einer deutschen Frau, die von einem portugiesischen Fahrkartenverkäufer immer wieder und immer unfreundlicher auf Schwäbisch ein Ticket verlangte. Der Mann bemühte sich redlich, die sonderbaren Laute zu identifizieren, bis mir der Kragen platzte und ich übersetzte, was die Frau von ihm wollte. »Dummkopf!«, sagte sie, als sie ihr Ticket endlich bekam, und blickte den Mann voller Verachtung an. Ich war sprachlos über diese Dreistigkeit.

Gerade fühle ich mich an diese Situation erinnert. »Ihr

Hund hat alles richtig gemacht und Sie etwas falsch«, sage ich.

Der Kopf der Frau zuckt erstaunt zurück. Der Mann im Sessel meldet sich: »Ach, was meinen Sie denn damit?«, fragt er sehr interessiert.

Ich stelle mich vor die Frau, entferne mich langsam von ihr, indem ich rückwärtsgehe, und blicke sie dabei starr an. »Einem Hund sagen Sie mit dieser Körperhaltung: ›Folge mir!‹ Sobald Sie einen Hund anschauen, heißt das, dass Sie etwas von ihm wollen. Wenn Sie also, ihn anblickend, von ihm weggehen, ziehen Sie ihn mit sich wie mit einem Magneten.«

»Aber ich habe doch die Hand ausgestreckt, damit er dort bleibt!«, entgegnet die Frau empört.

»Wenn Sie auf diese Art von ihm weggehen und auch noch die Hand ausstrecken, heißt das: ›Folge mir! Aber bitte LANGSAM.‹ Genau das hat Ihr Hund getan. Er ist nur drei Schrittchen auf Sie zugegangen und dann stehen geblieben. Daraufhin sind Sie auf ihn zugesprungen und haben ihn angeschrien. Er hat sofort Angst bekommen und ist weggerannt – in seinen Augen haben Sie sich sehr beängstigend verhalten. Er tut, was Sie verlangen, und Sie schreien ihn an. Dann sind Sie unter den Tisch gestürzt, haben ihn hervorgezogen und geschlagen. Für Ihren Fehler.«

Die Frau denkt nach. Der Mann hat seinen Oberkörper nach vorn gebeugt und verfolgt unseren Dialog wie ein spannendes Tennisspiel.

»Stimmt nicht, wir haben das genauso in der Hundeschule gelernt!«, sagt die Frau triumphierend und sichtlich erleichtert über dieses rettende Argument. »Man sagt ›Bleib‹ und geht mit ausgestreckter Hand vom Hund fort.«

»Und hat es bei Benny schon einmal so geklappt?«, frage ich.

Die Frau beißt sich ärgerlich auf die Lippe.

»Haben Sie schon einmal einen Hund beobachten können, der ›Bleib‹ sagt und sich mit ausgestreckter Pfote rückwärtslaufend von einem anderen Hund entfernt?«, will ich wissen und fahre gleich fort: »Natürlich klappt diese falsche Form des ›Bleib‹ bei Hunden, die gelernt haben: Wenn ein Mensch zeigt, dass man ihm langsam folgen soll, meint er damit eigentlich, dass man kurz bleiben soll, wo man ist, und dafür gibt es ein Lob oder Leckerli. Deshalb lohnt es sich zu bleiben. Hunde sind Meister der Anpassung an uns und auch an unsere Inkompetenz. Das funktioniert aber nur, wenn es gerade um nichts geht. Wenn ein Reh kommt oder Sie Benny wie gerade eben sein Kontrollverhalten verbieten wollen, funktioniert dieses ›Bleib‹ nicht. Sagen Sie Benny jedoch in seiner Sprache und auf die richtige Art und Weise, dass er bleiben soll, wird er das auch tun. Und zwar in jeder Situation.«

»Auch wenn wir alle drei rausgehen?«, fragt die Frau.

»Selbstverständlich«, antworte ich.

»Das will ich sehen«, sagt die Frau.

Ich führe Benny ruhig an seinen Platz, mache eine Bewegungseinschränkung in seine Richtung, drehe mich um und gehe weg. Ich höre seine Pfötchen auf dem Parkett, drehe mich um, gebe einen Warnlaut von mir und mache, weil er auf den Laut nicht reagiert, eine deutliche Bewegungseinschränkung. Er schleicht sofort zurück auf sein Kissen und setzt sich. Ich gehe wieder weg. Benny bleibt. Nach einer Weile setzt er ein Pfötchen aus dem Korb. Ich warne, er zieht das Pfötchen zurück und beginnt zu hecheln. Er erlebt einen Kontrollverlust. Seine Augen sind geweitet, und Speichel läuft aus seinem Maul. Er beginnt zu fiepen, um den Druck, den ihm die Kontrollabgabe bereitet, loszuwerden. Das ist kein schöner Anblick. Benny braucht jetzt jedoch kein Mitleid, sondern eine starke Führung, damit er einem anderen die Kontrolle anvertrauen und damit die ihn überfordernde Alltagsarbeit loswerden kann.

Dann scheint er sich langsam an die neue Situation zu gewöhnen, denn er legt sich hin. Ein paar Minuten später legt er den Kopf ab. Er wirkt erleichtert darüber, dass sich jemand anderes gefunden hat, der die Arbeit macht.

Nur ist klar, dass das Problem zurückkommen wird, wenn seine Menschen bei ihrem Verhalten bleiben. Deshalb ist es wichtig, ihnen zu zeigen, was Benny braucht.

»Das ist jetzt Zufall, weil der Hund ja gar nicht mehr weiß, was hier Sache ist«, sagt die Frau, weil wir seit zehn Minuten im Flur stehen und Benny dennoch im Zimmer bleibt.

»Benny hat keine Aufgabe mehr, deshalb kann er sich ausruhen«, kommentiere ich meine Sicht der Dinge.

»Quatsch, der hat doch auch sonst nichts zu tun, außer zu beißen. Eine auf den Hintern ist noch das Beste«, sagt die Frau entschieden. Man spürt, dass hinter ihrem Punkt am Satzende auch wirklich Schluss sein soll. Meine Argumente prallen an ihr ab.

Vor Jahren erlebte ich eine Szene in einer S-Bahn. Ein massiger Mann stieg ein und begann, die Fahrgäste zu beschimpfen. Diese duckten sich daraufhin weg. Der Mann wirkte sehr stark und Furcht einflößend, und auch ich senkte den Kopf, um keine Angriffsfläche zu bieten. Die Aggression wuchs und auch die Angst. Plötzlich stand ein kleiner alter Mann auf. Er lächelte, ging zu dem Hünen und umarmte ihn. Alle Fahrgäste erstarrten. Der Hüne erstarrte. Dann sackte er in der Umarmung zusammen, lehnte sich an den winzigen, ihm bis zur Brust reichenden Mann und begann schluchzend zu weinen.

Ich betrachte die Frau und stelle fest, dass mir die Sanftmut des alten Mannes fehlt.

Unverhofft kommt mir der Ehemann zu Hilfe. »Wie haben Sie das denn gemacht?«, fragt er und deutet in Richtung Zimmer.

Ich zeige ihm das Ganze mit vertauschten Rollen. Er ist Benny und soll im Flur an einer bestimmten Stelle bleiben, will er weggehen, wird er von mir verwarnt. Wenn er dann nicht stehen bleibt, blockiere ich den Raum vor ihm. Dann bin ich Benny, und der Mann kann an mir üben.

Obwohl die Frau ihre Verachtung für unser Laientheater hörbar »ausatmet«, lernt der Mann schnell.

Ich rufe Benny, gebe dem Mann die Leine und bitte ihn, den Hund zum Platz zurückzubringen und mit ihm zu trainieren. Benny blickt den Mann erstaunt an, als dieser eine kleine seitliche Schulterbewegung nach vorn macht, um ihm zu sagen, dass er auf seinem Platz bleiben soll. Unschlüssig steht der Hund da, und man sieht, dass es in ihm arbeitet. Kann er einem Menschen Kompetenz zutrauen, der sich bisher im Hintergrund hielt? Er überprüft es und verlässt seinen Platz.

»Warnen«, rufe ich dem Mann zu, der wie alle Anfänger wie gebannt auf seinen Hund schaut, weil der anders reagiert als geplant.

»Scht«, macht der Mann zaghaft.

Benny geht unter den Tisch.

»So ein Blödsinn«, meldet sich die Frau zurück, die das Ganze sehr interessiert verfolgt.

Der Mann schüttelt eine Hand in ihre Richtung, was so etwas wie »Lass doch mal« bedeuten könnte, und sieht mich an.

»Sie waren zu vorsichtig«, sage ich. »Wenn Sie meine Kompetenz überprüfen, und ich sage in sehr zittrigem Tonfall ›Wäre es eventuell, also nur, wenn es Ihnen nichts ausmacht, vielleicht unter Umständen möglich, dass wir das jetzt so und so machen?‹ – würden Sie mich dann für kompetent halten?«

Der Mann schüttelt den Kopf.

»Je bestimmter Sie auftreten, umso mehr kann Benny Ihnen glauben, dass Sie selbst wissen, was Sie tun, und darin sicher sind. Ich meine damit nicht Aggression, sondern Bestimmtheit. Sie müssen ausstrahlen, dass Sie wissen, was Sie tun, und dabei bleiben werden. Andernfalls kann er sich Ihrer Führung auf keinen Fall anvertrauen. Er würde bei Gefahr sein Leben riskieren.«

Ich bringe Benny zurück, und der Mann wiederholt die Situation. Als Benny seinen Platz verlassen will, macht der

Mann rechtzeitig »Scht«, dieses Mal jedoch so scharf, dass der Hund zusammenfährt, bleibt und gähnt.

»Na, jetzt langweilt er sich schon«, höhnt die Frau.

»Sie waren jetzt aus der Anspannung heraus zu vehement«, sage ich zu dem Mann. »Nehmen Sie Benny immer als Spiegel. Wenn er gar nicht hinhört, waren Sie zu lasch, und wenn er beschwichtigt, also sich über das Maul leckt, oder Stress bekommt und gähnt, dann war es zu viel.«

Der Mann nickt, und ich sehe, wie erstaunt er darüber ist, dass Benny an seinem Platz bleibt.

»Das ist ja hübsch, dass er da sitzt, aber was machen wir jetzt abends, wenn er beißt?«, versucht die Frau mich zu provozieren.

»Er wird Sie nicht mehr beißen, wenn er keinen Grund mehr dazu hat«, erwidere ich. »Nach meiner Meinung beißt er Sie deshalb, weil er abends von seinem Job, Sie zu beschützen, todmüde ist und die Schnauze voll davon hat, Ihnen schon wieder hinterherlaufen zu müssen, weil Sie aufstehen möchten. Deshalb hat er eine Form der Maßregelung gefunden, die Sie zwingt, sitzen zu bleiben. Er beißt. Wenn Sie dafür sorgen, dass Benny Ihnen nicht mehr den ganzen Tag hinterherläuft, ist er zum einen abends nicht mehr so kaputt und erhält zum anderen von Ihnen die Information, dass er Sie nicht mehr zu kontrollieren braucht. Sie können gehen, wohin Sie wollen, und selbst auf sich aufpassen.«

Ich blicke die Frau direkt an. »Wichtig wäre auch, dass Benny weder angeschrien noch geschlagen wird. Benny hat sich meiner Meinung nach angewöhnt zuzubeißen, weil er hier nicht der Einzige damit ist«, sage ich.

Der Mann hält sich erschrocken die Hand vor den Mund, als wäre ihm etwas Ungehöriges entfahren.

Die Frau geht beleidigt ins Wohnzimmer.

Der Mann sieht ihr hinterher, als warte er auf eine Wendung. Als diese nicht kommt, fragt er mich freudig:

»Wollen wir noch mal üben?«

Ungewollte Aufgabe

Meinem Klingeln an der Tür folgt das tiefe, satte Bellen eines größeren Hundes.

Bei seinem Anblick muss ich mich korrigieren. Es ist das Bellen eines riesigen Hundes der 50-Kilogramm-Gattung. Jim ist ein Ridgeback, dem es offenbar nicht reichte, groß und stark zu sein. Alles an ihm ist prachtvoll übertrieben. Ein Meisterwerk. Sein Kopf ist als Rammbock für meinen Oberbauch wie geschaffen. Ich bemühe mich, auch nach dem Angriff auf meinen Magen unbeeindruckt auszusehen, was durch den ausgelösten Brechreiz nicht einfach ist.

Jim geht zu Frauchen und stupst ihr mit der Schnauze in die Hand. »Na, habe ich das nicht toll gemacht?«

Frauchen sieht demonstrativ weg und hat sicher einen konkreten Plan, was sie damit bewirken will. Leider entgeht ihr so, was tatsächlich geschieht:

Jim gelangt durch ihr Wegschauen offenbar zu der Annahme, dass er nun ganz allein für den Eindringling zuständig ist, und versucht es mit einer anderen Taktik. Mit den Zähnen nimmt er meine Hand in sein riesiges Maul und wartet, wie ich reagiere.

Dank guter Konzentration bin ich in der Lage, interessiert einen Fleck an der Tür zu betrachten, während Jims Zähne sich in die dünne Haut meiner Hände pressen.

Meine Ignoranz scheint ihn zu verwirren. Nach einer kleinen Pause, in der wir uns beide sammeln, drückt er knurrend seinen schweren Körper gegen mich und versucht, mich an die Wand zu quetschen. Ich unterhalte mich jetzt unbeeindruckt mit Frauchen, in der Hoffnung, dass diese Taktik ihn so aus der Fassung bringt, dass er von mir ablässt.

Als Antwort rammt er mir, diesmal noch nachdrücklicher, erneut seinen Schädel in den Magen.

Es ist an der Zeit zu überprüfen, ob Jim es ernst meint oder nur eine tolle Show abzieht – bevor ich k. o. gehe. Ich laufe, ohne ihn anzuschauen, einen winzigen Schritt in ihn hinein, und er weicht überrascht zurück, ohne wieder nach vorn zu gehen. Ich setze sofort nach und schubse ihn mit der Kraft meiner Oberschenkel schwungvoll zurück. Jim springt zur Seite, und sein Gesicht legt sich in all die Falten, die einen Ridgeback so charmant und sorgenvoll aussehen lassen.

Jim ist ein einziger Bluff.

Ich stelle eine Dose mit Fleischwurst auf den Boden. Als Jim sich darauf stürzen will, gebe ich einen Warnlaut von mir, »Scht«, und muss tatsächlich nur den Kopf nach vorn beugen und scharf blicken, damit Jim sich brav auf den riesigen, muskulösen Hintern setzt. Er blickt sehnsüchtig auf die Wurst, und lange Speichelfäden laufen aus seinem Maul auf den Teppich.

Ich denke an die russische Putzfrau, die gleich zum Training erscheinen wird und von deren Eindruck es abhängt, ob sie kündigt oder nicht. Jim hat es sich vor ein paar Wochen zur Aufgabe gemacht, Swetlana während ihrer Arbeit regelmäßig an die Wand zu drücken. Inzwischen lässt er sie gar nicht mehr herein. Genauso ergeht es mittlerweile auch allen Nachbarn und Freunden.

Als es klingelt, stoppe ich Jim mit einem kurzen Warngeräusch. Er legt sich sofort wieder hin. Swetlana kommt vorsichtig herein, und ihr Blick wandert suchend umher. Sie traut dem ruhig daliegenden Hund offenbar nicht.

Wir bitten sie, sich genau neben ihn zu setzen. Jim sieht sie kurz an und legt den Kopf wieder ab.

»Aberrr wenn ich komme sonst«, rollt es im russischen Zungen-R, »errr lässt mich nicht mehrrr arrrbeiten. Ich habe Angst vorrr ihm. Errr knurrt und stellt sich in den Weg.« Sie deutet genau vor sich.

Jim schließt die Augen.

»Ich weiß jetzt nicht, wie ich Ihnen zeigen soll, was Sie machen können, wenn Jim gar nicht reagiert«, sage ich ratlos.

Swetlana gibt noch einmal alles und geht einige Male lärmend an Jim vorbei, klappert mit Putzeimern und steigt tapfer über ihn hinweg.

Jim blinzelt verschlafen.

Swetlana lässt sich erschöpft auf die Fensterbank fallen und blickt ihn ungläubig an. Dann schaut sie auf dessen Frauchen, presst beide Hände in Gebetshaltung vor die Brust und sagt in feierlichem Tonfall: »Ich schwörrre, Jim macht sonst anderrrs. Ich schwörrre!«

Das Frauchen nickt und sagt: »Ich weiß. Ich habe ja gesehen, wie er sich Freunden und Nachbarn gegenüber benimmt, da ist es dasselbe. Noch als die Hundetrainerin hier ankam«, dabei zeigt sie auf mich, »hat er sich ja so verhalten.«

Alle blicken ratlos, und mir ist es fast peinlich, dass sich der »Fall« so schnell erledigt hat.

»Wir könnten die Nachbarin bitten zu klingeln und hereinzukommen. Die lässt er auch nicht herein«, schlägt Jims Frauchen hoffnungsvoll vor. Eine gute Idee. Die Nachbarin wird angerufen, und ich zeige Jims Frauchen, wie sie sich bei deren Eintreffen verhalten soll.

»Ding-dong.« Alle Augen sind auf Jim gerichtet. Unmutig über die erneute Störung hebt er den Kopf und legt ihn nach einem Warngeräusch seines Frauchens erleichtert wieder ab. Frauchen geht zur Tür und empfängt die Nachbarin, die neugierig nach Jim Ausschau hält. Dieser rührt sich nicht. Die Nachbarin begrüßt uns mit viel Aufhebens und setzt sich zu uns. Jim bleibt in seiner schläfrigen Haltung.

Sein Frauchen blickt ihn an und sagt: »Eigentlich kenne ich ihn viel eher so. Früher hat er nämlich immer am liebsten geschlafen.«

»Die Frage ist nur, warum sich das später geändert hat«, sage ich.

Frauchen hebt ratlos die Schultern.

Ich deute auf den Hund.

»Ich könnte mir vorstellen, dass Jim eines Tages durch Zufall die Wirkung seiner prachtvollen Größe auf andere entdeckte. Vielleicht stand er einmal überraschend vor Swetlana, die sich, gerade in Gedanken versunken, daraufhin ordentlich erschrocken hat. So ein Erschreckspiel ist eine tolle Abwechslung, wenn man sich ohne sein Rudel zu Hause gerade langweilt.

Da Jim bei näherer Betrachtung ein Baby in einem Riesenkörper ist, mag es ihn selbst erstaunt haben, was für einen tollen Eindruck er macht und dass er doch ein Kerl ist, der sich Respekt verschaffen kann. Er wird diese Wirkung noch einmal überprüft haben, und Swetlana hat sie unbewusst, vielleicht durch ein weiteres Zurückweichen, bestätigt.

Jim wird sich daraufhin vermutlich neue Herausforderungen gesucht haben, und die Nachbarn kamen gerade recht, um seine Wirkung erneut auszuprobieren. Auch das klappte vorzüglich, denn die Nachbarn zeigten sich beeindruckt und gingen. So wurde aus Jim, dem verschlafenen Riesenbaby, in Windeseile ein ganz toller Hecht. Die Sache hatte nur einen Haken: Er musste jetzt oft aktiv werden und konnte seinen geliebten Hausschlaf nicht mehr pflegen. Er scheint sehr froh zu sein, dass wir ihm diesen inzwischen ungeliebten Job wieder abgenommen haben.«

Jim hat nie wieder einem Menschen gedroht. Im Gegenteil.

Ein Jahr später beendete er dank des Trainingseinsatzes seines Frauchens in meinem Dog-Institut mit Erfolg, Freude und Sanftmut eine Ausbildung zum Therapiehund. Jetzt arbeitet er einmal wöchentlich mit an Demenz erkrankten Menschen.

Im Dunkeln

Wo ist die Nummer 216? Ich habe mich in der Steinwüste eines Neubaugebietes verfahren. Um nicht noch mehr Zeit zu verlieren, rufe ich bei der Kundin an, die mich bereits erwartet.

Klick. Der Hörer wird abgenommen. Stille.

»Hallo?«, sage ich.

Stille.

»Können Sie mich hören? Hier ist Maja Nowak, die Hundetrainerin.«

Stille. Dann ein sehr verschlepptes »Jaah?«.

»Wo finde ich denn Ihr Haus? Ich bin jetzt an der Post.«

Stille. Ich beschließe zu warten, immerhin weiß ich, dass jemand zuhört.

Stille.

»Bücherei ... gegenüber«, kommt es schließlich sehr schwach zurück. Hat die Frau Drogen genommen, ist sie krank? Mit einem mulmigen Gefühl mache ich mich auf die Suche nach einer Bibliothek. Tatsächlich befindet sie sich genau gegenüber der Nummer 216.

Ich läute, der Summer ertönt, ich betrete das Haus und sehe eine geöffnete Tür im Erdgeschoss. Davor steht ein Rollstuhl, an der Tür der Name meiner Kundin.

»Hallo? Kann ich hereinkommen?«, rufe ich in die Wohnung hinein.

Es poltert hinter einer Zimmertür. Die Tür öffnet sich. Ein junges Mädchen kriecht auf allen vieren und seltsam mit den Gliedern schlenkernd um die Ecke. Es hat ein Gesicht, das dem der Malerin Frieda Kahlo sehr ähnlich ist, und sieht mich freudig an. Kurz darauf rollen seine Pupillen, wie von fremder Kraft gelenkt, von mir weg hinauf zur Decke. Ein winziger Chihuahua-Welpe springt um es herum. Seine vorwärtstreibenden Hände schlagen wie Steinschläge knapp neben dem hamstergroßen Hund ein. Ich will den Welpen gerade zur Seite heben, als die Zimmertür sich erneut öffnet und eine dicke Frau erscheint.

»Hiiier lang«, sagt sie schwach, wie unter äußerster Kraftanstrengung, und deutet auf eine weitere Tür. Ich kenne die Stimme bereits vom Telefon.

»Guten Tag!«, sage ich, um mich in meiner Verwirrung an der üblichen Form des Kennenlernens festzuhalten. »Sind Sie die Frau, die mich bestellt hat?«

»Ja, ja«, tönt es lasch, aber prompt.

Das Mädchen ist jetzt bei mir angekommen und hält mich am Hosenbein fest. »Ahhloo«, ruft es strahlend.

Ich gehe in die Hocke. »Hallo. Wie heißt du denn?«

»Aaaan...dreee...jaaa«, strömt es gurgelnd aus ihr heraus. Nicht nur ihre Stimme zeigt Symptome einer spastischen Lähmung. Auch ihre Glieder zucken, rucken und scheinen von Kräften gelenkt, die außerhalb ihrer Willenskraft liegen.

Der Welpe purzelt durch eine unkontrollierte Stoßbewegung ihres Körpers vor meine Füße. »Na, du kleiner Kerl«, sage ich. Der Hund rennt panisch weg und bringt sich zwischen den Armen des Mädchens in trügerische Sicherheit.

Die Stube ist voll mit Dingen, die schon lange auf etwas zu warten scheinen. Ein Toaster wartet verstaubt auf der Couch, Bücher haben sich zu einer Wartegemeinschaft auf dem Fußboden angehäuft. Schmutzige Wäsche und Müll warten überall. Ich nehme auf dem Sofa neben dem Toaster Platz, der einzigen Stelle, die noch nicht von etwas anderem belegt ist.

Das Mädchen robbt aufgeregt hinterher. »Taaande, wie laaange bleiibst duuu?«

»Ich bleibe eine Stunde«, antworte ich freundlich, auch wenn mir himmelangst wird bei dem Gedanken, eine Stunde hier zu sein.

Das Mädchen zieht sich an der Couch und an mir hoch und legt seinen Kopf auf meinen Schoß. Ich bin überwältigt von dieser vertrauensvollen Geste und schockiert über die Zustände, die ich hier vorfinde. Die Fenster sind wie bei einer Ausgangssperre mit Tüchern verhängt. Ich fühle mich trotz der Zimmerlampe im Dunkeln. Die Frau hat sich ein wenig abseits an einen zugemüllten Schreibtisch gesetzt und blickt dumpf vor sich hin.

Kennen Sie das Gefühl aus Ihrer Kindheit, dass etwas im Raum ist und Sie beobachtet? Etwas Unheimliches, bei dem sich die Nackenhaare aufstellen? Ich hatte dieses Gefühl das letzte Mal vor 40 Jahren.

Und jetzt ... ist es wieder da.

Es kribbelt an meinem Hinterkopf. Ich sehe mich um. Hinter mir ist nur die Wand.

Ich blicke nach links. Die Frau sieht dumpf vor sich hin. Ich schaue nach rechts. Da ist nur das Mädchen.

Es kommt ... von vorn.

Sie sitzen über mir. Es ist eine 30-köpfige Armee in den oberen Fächern der Schrankwand. Mit kalten, glitzernden Augen ... starren sie ... mich an.

Ich blinzle. Sie bleiben. Sie alle haben die Arme angewinkelt und strecken die Hände nach vorn. Sie wirken wie erfroren in einem Vorhaben, für das sie einst die Arme hoben. Die kunstvoll gestalteten Spitzenkleider verstärken den grotesken Eindruck eher, als dass sie ihn abmildern würden.

»Wand des Schreckens« würde ich das albtraumhafte Bild nennen, wäre es ein Gemälde. Diese leblosen Puppen wirken dennoch auf absurde Art lebendiger als die Frau und erwachsener als das Mädchen. Ich bekomme eine Gänsehaut.

»Hüülfst du Hüüündchen?«, fragt das Mädchen in diesem Moment. Das holt mich zurück.

»Ja, ich frage jetzt einmal die Mama, wie ich dem Hündchen helfen kann, nicht wahr?« Das Mädchen lacht selig.

»Können Sie mir erklären, warum Sie mich gerufen haben«, frage ich in die Richtung der Frau.

Sie blickt tatsächlich auf, aber ihre Augen sind leer.

»Sie müssen mir jetzt wirklich antworten, damit wir beginnen können«, sage ich und lege dabei mehr Bestimmtheit in meinen Ton.

Sie hat die Hände im Schoß gefaltet, und ihre Schultern sind nach vorn gesunken. Das Mädchen hat meine Hände in seine Hände genommen und spielt mit ihnen.

»Der Hund soll auf das Katzenklo gehen«, sagt die Frau plötzlich.

Ich habe mit allem gerechnet, aber nicht mit dieser Aufgabe.

»Die Züchterin hat gesagt, er kann das, aber er macht in die Wohnung«, fügt sie hinzu.

»Ach, Sie möchten ihm einen Notbehelf schaffen, solange er eine Welpenblase hat?«, frage ich, erleichtert darüber, dass die Frau nun spricht.

Die Frau blickt mich verständnislos an. »Keinen Notbehelf. Er soll da auf die Toilette gehen. Meine Tochter ist behindert, wie Sie sehen.« Sie deutet auf das Mädchen, das sich weiter an mich kuschelt. »Sie kann natürlich nicht gehen, und ich habe schwere Depressionen. Ich gehe sowieso nicht raus.«

Mir klappt die Kinnlade herunter. »Warum haben Sie dann einen Hund? Einen Welpen?«

»Meine Tochter soll nicht so allein sein«, sagt sie ohne eine Bewegung in der Stimme.

Ich schlucke. »Wenn ich Sie richtig verstehe, soll der Hund die nächsten 15 Jahre eingesperrt in dieser Wohnung leben?«

Sie blickt mich vorsichtig an. Die erste Regung. »Die Züchterin hat gesagt, dass er auf das Katzenklo gehen kann.«

»Sicher«, entgegne ich, »aber nur, solange er ein Welpe ist. Ich denke nicht, dass sie weiß, wie der Hund hier leben soll.«

Die Frau schiebt bockig die Unterlippe nach vorn. »Wir waren ja zusammen da, und natürlich weiß sie alles.«

Ich bin sprachlos, dass eine Züchterin der Frau überhaupt einen Hund anvertraut hat, auch wenn sie sicher nichts von dem Vorhaben der Frau wusste, den Hund für immer in der Wohnung halten zu wollen. Ich bitte um den Kaufvertrag.

Die Frau erhebt sich langsam, wie unter Schmerzen, und öffnet unter den Puppen einige Fächer. Tatsächlich findet sie den Kaufvertrag.

»Sehen Sie, alles in Ordnung.« Sie wirft das Papier vor mich auf den übervollen Couchtisch. Das Mädchen an meiner Seite blickt erschrocken auf die Mutter und mich. »Guuut, Huuundchen guut«, ruft es aufgebracht.

»Natürlich!«, versuche ich es zu beruhigen und streiche ihm über das dicke schwarze Haar, das zu zwei Zöpfen geflochten ist.

Die Mutter deutet auf das Mädchen und sagt: »Sie ist auf dem Entwicklungsstand einer Sechsjährigen.«

Eine Sechsjährige bekommt alles mit, denke ich betroffen. Ich schaue in das vertrauensvolle Gesicht des wirklich schönen Mädchens, dem immer wieder der Blick abhandenkommt. Es hat dieselben zusammengewachsenen Brauen wie Frieda Kahlo und auch sonst deren Schönheit. »Wie alt bist du?«, frage ich es.

»Ffffff, mmmmmm, aaacht...«

»Achtzehn«, übernimmt die Mutter den Versuch der Tochter. Das Mädchen schaufelt, empört über diesen »Mundraub«, mit den Händen in der Luft und verdreht den Kopf.

»Und wie heißt du«, frage ich deshalb noch einmal, obwohl ich den Namen weiß.

»Aaaan...dreee...jaaa«, sagt es glücklich und kuschelt sich wieder an mich.

Ich bin sehr gerührt von seiner offenen, zugewandten Art.

Auf dem Kaufvertrag finde ich die Telefonnummer der Züchterin. Ich wende mich wieder an die Frau. »Frau J., ein Hund kann nicht in einer Wohnung ohne Freigang gehalten werden. Es tut mir leid, Ihnen das sagen zu müssen, aber unter diesen Umständen können Sie ihn wirklich nicht behalten. Sie müssen ihn zurückgeben. Das Tier wirkt außerdem schon sehr verängstigt, und die Behinderung von Andrea stellt auch eine beträchtliche Gefahr für den Hund dar.«

Die Frau bückt sich, greift nach dem Hund und drückt ihn an ihren Bauch. Dabei entfährt ihr stöhnend ein dumpfer Laut.

Er entfuhr ihr so abrupt und war so intim, dass auch ich wie gelähmt bin. Mir wird plötzlich klar, dass der Welpe nicht für Andrea angeschafft wurde, sondern dass die Frau ihn braucht. Sie beugt sich nach vorn, und der winzige Hund verschwindet in einer Bauchfalte.

Mir wird übel vor Beklemmung.

»Darf ich Sie fragen, ob Sie wegen der Depression in Behandlung sind?«, erkundige ich mich und konzentriere mich auf den Toaster, um ruhig zu bleiben.

Sie schaukelt mit dem Oberkörper vor und zurück, den Welpen in ihrer Körpermitte vergraben. »Das hilft doch nichts«, haucht sie nach unten auf den Boden. »Das habe ich alles schon probiert.«

»Nehmen Sie Tabletten gegen die Krankheit?«, frage ich.

Die Frau schweigt. Sie nimmt also keine Medikamente. Es gibt sehr wirksame Behandlungen gegen Depression. Die Antriebslosigkeit, die mit einer Depression einhergeht, ist jedoch leider oft die Ursache dafür, dass die Behandlung erst gar nicht angegangen wird.

»Frau J., ich muss jetzt die Züchterin anrufen und sie bitten, den Hund zurückzunehmen«, sage ich mit fester Stimme.

Die Frau presst den Hund an sich und schreit: »Nein, dann muss sie mir die 300 Euro zurückgeben.«

Ich hatte mit schlimmerem Protest gerechnet und wähle.

»Ja? Hier B.«, meldet sich eine weibliche Stimme.

»Guten Abend, Frau B. Ich bin Hundetrainerin und gerade bei der Familie J. Es erstaunt mich, was für Bedingungen ich hier vorfinde, und da Ihnen das Wohl Ihres Schützlings sicher am Herzen liegt, möchte ich Ihnen mitteilen, dass der Welpe Sunny hier ausschließlich in der Wohnung gehalten werden soll. Sein ganzes Leben lang. Niemand in der Familie ist in der Lage, mit dem Hund nach draußen zu gehen und sich um seine Bedürfnisse zu kümmern. Ich möchte Sie deshalb bitten, den Hund zurückzunehmen und anderweitig zu vermitteln. Hier ist keine artgerechte Haltung möglich.«

»Was?! Das habe ich nicht wissen können!«, ruft die Frau sehr emphatisch.

»Deshalb informiere ich Sie«, antworte ich. »Würden Sie Frau J. das Geld oder einen Teil des Geldes zurückgeben? Sie hat ein behindertes Kind, und es wäre angemessen.«

»Nein!«, entgegnet die Züchterin energisch. »So etwas gibt es nicht. Gekauft ist gekauft.«

Ich blicke auf die Frau mit dem eingeklemmten Welpen in ihrer Körpermitte und frage: »Auch wenn der gekaufte Hund in Lebensgefahr ist?«

Schweigen. »Also, im Moment klappt es nicht«, kommt es dann zögerlich.

Ich grabe meine Zehen in den Boden des Zimmers. »Der Hund ist hier nicht nur in schlechter Haltung, sondern in Gefahr. Wann holen Sie ihn ab? Ich muss sonst den Tierschutz einschalten«, sage ich.

»Okay, ich versuche, übermorgen zu kommen«, erwidert die Frau versöhnlicher.

»Und können Sie der Familie etwas wiedergeben, Sie dürften den Hund ja dann wieder vermitteln?«, hake ich erneut nach.

»Ich überlege, was sich machen lässt«, antwortet die Frau.

»Mir wäre lieb, wir könnten uns auf etwas einigen, damit ich weiß, dass alles seine Ordnung hat«, entgegne ich sehr bürokratisch.

Pause. »Also dann übermorgen um 17.00 Uhr«, sagt Frau B. plötzlich entgegenkommend. »Die Hälfte gebe ich zurück. Aber mehr nicht.«

»Herzlichen Dank!«, sage ich und verabschiede mich.

»Übermorgen um 17.00 Uhr holt die Züchterin den Hund ab und gibt Ihnen zumindest die Hälfte des Geldes zurück«, sage ich zu der Frau.

Diese schreit mit unvermittelter Lautstärke: »Für die Hälfte nicht. Entweder gibt sie alles zurück oder gar nichts!«

Andrea beginnt plötzlich zu weinen. »Maaamaaa, nicht weg. Maaama niiicht weeeg!«

Ich bin zutiefst bestürzt, weil ich völlig außer Acht gelassen habe, dass das Mädchen mithört und auch versteht, worum es geht. Es kriecht von mir weg und legt sich weinend auf den Boden.

Es gab nur wenige Momente in meinem Leben, in denen ich mich mehr schämte für eine Unachtsamkeit. Ich hocke mich neben das Mädchen, aber vergeblich. Es schlägt nach mir und schreit verzweifelt: »Hüüündchen, Hüüündchen!«

Die Frau sitzt noch immer reglos auf dem Stuhl und presst den Hund an sich. Ich wünsche mir eine gute Fee, die jetzt hereinkommt und alles zum Guten wendet.

»Bitte kommen Sie kurz mit«, sage ich sehr energisch zu Andreas Mutter.

Die Frau blickt erstaunt auf, wischt den Hund von ihrem Schoß und kommt mir tatsächlich hinterher.

Im Flur schließe ich die Tür hinter uns und frage: »Kann Ihrem Kind etwas passieren?«

Die Frau schüttelt den Kopf.

»Frau J., haben Sie Hilfe für sich und Ihre Tochter? Wenn Sie nicht rausgehen, wer holt dann Ihr Kind nach draußen? Wo ist es tagsüber untergebracht?«

Die Frau beginnt tonlos zu weinen, ihr ganzer Körper schüttelt sich. Tränen laufen über ihr unbewegtes Gesicht.

Es ist, als wäre sie nur das Gehäuse für jemanden, der ganz tief in ihr lebt und der jetzt für einen Moment zum Vorschein kommt.

»Was meinen Sie, warum ich so krank bin, weil ich Hilfe habe?«, unterbricht die Frau, höhnisch lachend, das in ihr weinende Wesen. »Andreas Vater hat mich sofort verlassen, nachdem wir die Diagnose bekamen. Seitdem bin ich mit dem Kind allein.«

»Warum holen Sie sich keine Hilfe«, frage ich betroffen.

»Welche Hilfe denn?«, entgegnet die Frau hart. »Ich will

hier keine Menschen vom Amt, die mir das Kind wegneh-men!«

Sie drückt ihre Hände vor den Bauch.

»Tut Ihnen etwas weh?«, frage ich betroffen.

Sie schüttelt heftig mit dem Kopf.

»Welche Hilfe bekommt Andrea?«, versuche ich die Lage für mich zu sondieren.

»Sie wird regelmäßig untersucht und behandelt! Das kann ich nachweisen!«, ruft die Frau in einem so aufrichtigen Ton, dass ich ihr glaube.

»Hat sie denn Kontakte zu anderen Menschen? Sie ist doch anderen gegenüber so offen.«

Die Frau schweigt.

»Frau J., auch mir ist meine Lage hier nicht angenehm. Ich bin Hundetrainerin und habe keinerlei Kompetenz als Sozialfürsorgerin. Ich weiß deshalb nicht, welche Möglichkeiten genau es für Sie und Andrea gibt. Wenn Sie nur für sich entscheiden würden, keine Hilfe zu wollen, so müsste ich das akzeptieren. Aber Sie entscheiden doch auch, dass Andrea hier, ich sage es jetzt einmal sehr krass, in Einzelhaft bleibt. Sie lebt, wie der Hund leben sollte, eingesperrt in eine Wohnung. Das Mädchen braucht Kontakte, die auch für seine geistige Entwicklung sehr wichtig sind.«

Die Frau hebt abwehrend die Hände. Die Vorstellung, fremde Menschen könnten die Wohnung betreten, scheint sie in Panik zu versetzen.

»Es gibt sicher Tagesbetreuung für Andrea, zu der man sie abholen und von der man sie wieder nach Hause bringen würde.«

Sie stöhnt und drückt sich gegen den Leib.

»Auch Sie sollten sich behandeln lassen. Bei Depressionen kann man heute etwas tun, was Ihre Lage verbessert. Wenn Sie, wie Sie sagen, krank geworden sind, weil Sie die Krankheit Ihres Kindes krank gemacht hat, dann brauchen Sie erst recht Hilfe. Ich kann jetzt nicht einfach nach Hause fahren und so tun, als hätte ich hier keinen Notstand vorgefunden. Sie sind zwar krank, aber bei Verstand, und Ihnen ist sicherlich klar, dass auch die Wohnung mal wieder gesäubert werden müsste und dass Sie durch die Depression dazu nicht in der Lage sein werden. Sie brauchen Hilfe!«

Die Frau schnaubt wütend. Für einen Moment rechne ich damit, dass sie die Hand gegen mich erhebt. Ihre Augen ruhen auf mir – klein und glitzernd. Ich erwidere ihren Blick äußerlich gelassen, habe aber den Ausgang im Visier.

»Ich möchte Ihnen nicht drohen, Frau J. Ich möchte Ihnen helfen. Ich werde jetzt gehen und mich erkundigen, was es für Möglichkeiten gibt. Dann rufe ich Sie an, bevor ich etwas unternehme. Sind Sie damit einverstanden?«

»Sie rennen nicht zum Jugendamt?«

»Ich rufe Sie vorher an«, sage ich. »Wir sollten uns für Andrea etwas überlegen, denn sie ist außer sich über die Situation. Wenn der Hund jetzt wegkommt, muss man ihr das erklären.«

Die Frau winkt ab. »Ach, das steckt sie schon weg.«

Diese wegwerfende Geste empört mich so, dass mir ganz kalt wird. Mein Entschluss, dem Mädchen zu helfen, verfestigt sich.

»Darf ich mich noch von Andrea verabschieden?«

Die Frau öffnet mit plötzlicher Entschlusskraft die Wohnungstür und sagt: »Es ist besser, Sie gehen jetzt.«

Als mich auf der Straße die üblichen Stadt- und Menschengeräusche empfangen, fühle ich mich auf seltsame Weise gerettet.

Für einen Moment überlege ich, ob ich das Ganze nicht einfach vergesse, anstatt mich in ein fremdes Leben einzumischen. Es ist ein kurzer Moment der Feigheit.

Mir macht Angst, dass ich nicht absehen kann, was andere mit meiner Mitteilung tun werden. Das Mädchen will natürlich bei der Mutter bleiben. Wenn es nun aber in ein Heim käme, wäre ich dafür verantwortlich.

Was soll ich tun? Was kann ich tun?

Ich komme verstört in meiner Straße an und grüße ganz in Gedanken eine Frau, die vor dem Haus der christlichen Gemeinde steht. Ich sehe sie sonst immer drinnen in einem hell erleuchteten Raum sitzen und mit Menschen sprechen oder ein Buch lesen. Ich blicke in ihr Gesicht, das einladend wirkt wie eine warme Wohnstube.

»Darf ich Sie um einen Rat bitten?«, frage ich einem Impuls folgend.

Sie nickt erfreut und bittet mich hinein.

Ich setze mich etwas verlegen in den Raum, der an einigen Stellen mit Bibelzitaten ausgestattet ist. Ich bin als Ostdeutsche des Jahrganges 1961 nicht mit dem Glauben an Gott aufgewachsen. Heute glaube ich zwar, aber mein Glaube trägt keinen Namen. Ich glaube daran, dass es ein Schicksal gibt, eine Bestimmung, Energie, und dass es gut ist, sie zu spüren und ihr zu folgen. Ich empfinde eine große Dankbarkeit für das Leben und über dessen Geschenke. Dinge tun zu dürfen, die ich mit Leidenschaft tue, ist zum Beispiel für mich ein solches Geschenk. Ich fühle mich jedoch unbehaglich in der Annahme, jetzt hören zu müssen, welchen Namen das Ganze in der Religion der Frau trägt. Ich brauche so eine Adresse nicht. Ich finde sie in allem, was mich erfreut, schmerzt oder etwas lehrt.

Die Frau sitzt mir gegenüber und wartet geduldig.

Ich beginne stockend, dann gewinnen meine Gefühle wieder an Fahrt, und ich erzähle das soeben Erlebte. Ich drücke auch meine Angst darüber aus, mit meiner Einmischung etwas Schlimmes anrichten zu können. »Was soll ich jetzt tun?«, frage ich, und mein Schlusssatz hängt fast schicksalhaft in diesem geweihten Raum.

Die Frau ist noch immer ruhig, ich sehe jedoch auch ihr die Betroffenheit über das Gehörte an. »Sie müssen unbedingt etwas tun« ist das Erste, was sie erwidert. »Dass wir Fehler machen könnten, befreit uns nicht von unserer Verantwortung zu helfen. Hilfe ist nicht nur angebracht, wenn sie perfekt ist. Hilfe ist eine wichtige Kraft. Ich kenne eine Frau vom Jugendamt. Wir könnten sie anrufen und uns erklären lassen, was in so einem Fall geschieht und möglich ist.«

Erleichterung fährt in mich wie eine frische Brise.

Die Frau vom Amt ist zu Hause und erklärt mir nach der Schilderung der Situation, dass es Einzelfallhelfer gibt, die die Frau unterstützen könnten, wenn sie krank ist, und dass es für Andrea tagsüber mehrere Unterbringungsmöglichkeiten gibt, je nach Behinderung. Sie versichert mir, dass es in erster Linie darum geht, die Lage zu verbessern, und nicht darum, der Mutter das Mädchen wegzunehmen.

»Kann ich mich wirklich darauf verlassen?«, hake ich nach.

»Frau Nowak, in den Medien werden nur die Fehlentscheidungen ausgeschlachtet. Von den funktionierenden Familienhilfen, die Tausenden zukommen, wird jedoch nichts berichtet. Das aber ist der Alltag der Jugendämter.«

Ich bedanke mich sehr erleichtert.

»Konnte Ihnen Frau S. helfen?«, fragt die Gemeindefrau freundlich.

»Ja«, sage ich entschieden, »und Sie auch!«

Am nächsten Morgen telefoniere ich mit Frau J. und berichte über das Gehörte. »Es wäre gut, wenn Sie selbst bei der Frau vom Jugendamt anriefen und um Hilfe bitten würden«, sage ich und nenne die Nummer der Frau.

»Ja, mache ich«, kommt es zu schnell und zu erleichtert zurück.

»Ich werde dann heute Nachmittag mit der Frau sprechen und nachfragen, wie Ihr Gespräch verlaufen ist«, füge ich hinzu.

»Ich weiß noch nicht, ob ich es heute schaffe«, kontert sie prompt.

Ich teile ihr mit, dass ich der Frau vom Jugendamt um 16.00 Uhr selbst offiziell Mitteilung machen werde, wenn sie es nicht tut.

Sie knallt den Hörer auf.

Um 16.00 Uhr rufe ich Frau S. vom Amt an.

»Ja, die Frau J. hat angerufen«, sagt sie.

»Ach, damit habe ich gar nicht gerechnet«, erwidere ich erfreut.

»Sie hat angerufen, um mitzuteilen, dass sie keine Hilfe braucht. Ich habe ihr daraufhin gesagt, dass wir das überprüfen möchten, und einen Termin für morgen gemacht.«

»Darf ich Sie dann morgen noch einmal anrufen und fragen, was jetzt wird?«, frage ich.

»Natürlich, machen Sie sich keine Sorgen. Wir kümmern uns jetzt darum.«

Es dauert noch ein paar Tage, ehe Frau J. die Mitarbeiter des Amtes in ihre Wohnung lässt. Dann erfahre ich Folgendes:

Frau J. bekommt die Auflage, sich wieder in ärztliche Behandlung zu begeben. Andrea wird künftig für vier Stunden täglich in eine Behindertenwerkstatt gebracht, in der sie Kontakt zu anderen Menschen hat und eine Aufgabe bekommt. Der Hund wurde von der Züchterin wieder abgeholt. Eine Einzelfallhelferin unterstützt Frau J. im Haushalt und kontrolliert dessen Zustand.

Nach dem Telefonat über die Situation von Frau J. klingelt erneut das Telefon. »Guten Tag, hier ist Frau W. Wir haben da ein Problem mit unserem Labrador. Er ist jetzt fünf Monate alt und kann immer noch nicht ›Sitz‹. Ist das schlimm?«

»Nein!«, erwidere ich lachend. »Das ist absolut kein Problem.«

Drei Fehler

Die Treppe

Ganz am Anfang meiner Arbeit als Hundetherapeutin rief mich ein Ehepaar an, weil ihr 40 Kilogramm schwerer Hund, ein Shar-Pei, die Haustreppen zwar hoch-, aber nicht hinunterlief. Seit zwei Jahren trugen sie ihn vier Mal am Tag fünf Stockwerke. Echte Liebe. Jetzt blieben ihnen nach fünf Hundetrainern nur noch zwei Möglichkeiten: Entweder würde ich es schaffen, den Hund zum Treppensteigen zu bewegen, oder sie müssten in eine Erdgeschosswohnung umziehen.

Als ich das Haus betrete, fallen mir als Erstes die weißen Treppenstufen aus Marmor auf. Mir kommt sofort ein Verdacht. Hunde haben in einer weißen Badewanne oft deshalb so viel Angst, weil sie durch ihre Art zu sehen den Boden der Wanne nicht als solchen erkennen. Alles ist weiß und verschwimmt zu einem tiefen Abgrund. Legt man einen Waschlappen oder ein Handtuch auf den Wannenboden, kann der Hund besser einschätzen, wo die Wanne endet, und hat weniger Angst. Die Treppe hier ist auch weiß. Hat das Ähnliches zu bedeuten? Wenn ja, habe ich den Fall schon gelöst?

Bevor ich meine Vermutung äußern kann, werde ich von einem Shar-Pei im XXL-Format an die Korridorwand der Wohnung gedrückt. Er schnappt nach mir, und ich trage nur deshalb keinen Biss davon, weil er seine »Seehundschnauze« wie einen natürlichen Maulkorb vor den Zähnen trägt. Die Schnauze ist so groß und vorgewölbt, dass die Zähne ihr Ziel einfach nur abgeschwächt erreichen. (Das ist leider nicht bei allen Shar-Peis so, also verlassen Sie sich nicht darauf, wenn Sie einen treffen, der ebenfalls angriffslustig ist.)

Malou hat seine Menschen wunderbar im Griff. Sein Frauchen kann vor Liebe die Augen nicht von ihm lassen, und Herrchen überlässt die Erziehung seiner Frau. Er ist Türsteher in einer Nachtbar und hat dort schon genug zu »erziehen«.

Nachdem ich darum gebeten habe, den Hund anzuleinen, mache ich einen Sehtest. Ich lege ein Stück gelben Käse auf den weißen Küchenboden, und die Frau lässt die Leine los. Der Hund stürzt punktgenau zum Käse und schlabbert ihn in seine Riesenschnauze. Danach lege ich ein Stück Käse auf eine Tupperdose, deren Farbe dem Gelb des Käsestückes entspricht, und noch ein zweites Stück Käse auf den weißen Küchenboden. Malou holt sich sofort den Käse vom weißen Küchenboden. Das Stück Käse auf der gelben Dose bleibt liegen.

Damit ist für mich der Fall erledigt. Malou kann offenbar innerhalb einer einfarbigen Fläche keine Konturen erkennen. So ergeht es ihm auch mit den weißen Treppenstufen. Ich erzähle dem Paar von meinem Verdacht.

Die Frau und der Mann schütteln heftig den Kopf. »Das kann nicht sein«, sagt sie. »Unser Nachbarhaus hat dieselben weißen Marmorstufen. Da wohnt ein Freund von uns, und die läuft Malou prima.«

Meine These kippt in sich zusammen. Hm.

Nun lasse ich mir Malous Treppenangst vorführen. Obwohl er schon zwei Jahre alt ist, brüllt er hollywoodreif und hemmungslos wie ein Welpe. Falls Sie Welpenbesitzer sind oder waren, wissen Sie, was ich meine – der Schrei, bei dem sich einem die Nackenhaare sträuben. Natürlich dient der Schrei eher dem Zweck, eine mögliche Verletzung zu verhindern, als dass er eine solche anzeigen würde. Der Welpenschrei ist das stärkste Signal aus dem Demutsverhalten von Hunden. Er kann ihnen bei einem Angriff das Leben retten.

Auch Malou versucht sein Leben zu retten und hat Erfolg. Immer, wenn er seinen Schrei loslässt, wird er in Ruhe gelassen und muss die Treppe nicht hinablaufen. Frauchen wird dabei jedes Mal kreidebleich und vermittelt dem Hund den Eindruck, dass auch sie sich ganz entsetzlich vor der Treppe fürchtet und nur durch seinen enormen Schrei verhindert wurde, dass beiden ein Unglück geschieht. Mit dem Mann verhält es sich genauso. Inzwischen hat Malou eine Angst aufgebaut, als handele es sich bei der Treppe darum, die Niagarafälle hinunterzuspringen.

Wir trainieren zwei Wochen eine Desensibilisierung an der Treppe, mit Futter, mit Übungen, mit allem, was die Verhaltenstherapie zu bieten hat. Nichts. Der Hund geht die Treppe nicht hinunter.

Nebenbei klären wir andere Baustellen wie etwa den stürmischen Besucherempfang und die Leinenführigkeit. Diese Dinge klappen sehr schnell erstaunlich gut.

Aber die Treppe ...

Inzwischen haben die Frau und ich einen guten Kontakt zueinander. Ich schlage ihr etwas vor, was ich ganz selten äußere, aber oft anwende. Ich möchte auf der nonverbalen Ebene mit Malou kommunizieren, um zu wissen, was ihn davon abhält, die Treppe hinunterzulaufen. Die Frau ist inzwischen zu allem bereit und vertraut mir durch die bisherigen Erfolge mit Malou. Sie lässt mich mit dem Hund für 30 Minuten im Wohnzimmer allein.

Seien Sie jetzt tapfer. Es geht nun um Phänomene, die Menschen noch nicht wissenschaftlich bewiesen haben, denen aber auch egal ist, ob wir das tun. Man nennt es inzwischen »Tierkommunikation«, weil Menschen immer eine Bezeichnung benötigen, um sich sicher zu fühlen oder zu belegen, was sie tun. Schließlich muss alles seine Ordnung haben.

Bei mir ist es einfach so, dass ich oft Bilder senden kann, wenn ich einen »Empfänger« habe, und selbst welche empfange, wenn ein anderes Wesen sendet. Mit Tieren geht das natürlich noch sehr viel einfacher als mit Menschen, weil sie sich nicht von Gedanken stören lassen. Mit meiner besten Freundin und Mitarbeiterin Anja geht das jedoch auch sehr gut.

Es ist ein sehr heißer Tag. Ich beginne diese Form der Gedanken/Bild-Übertragung immer damit, die Augen zu schließen, tief zu atmen und mir vorzustellen, wohin der Hund gerade blickt. Das Hecheln des Hundes ist zu hören. Vor meinem geistigen Auge taucht der Propeller des Ventilators auf, der im Zimmer steht. Ich hatte ihn zuvor noch gar nicht bewusst wahrgenommen. Ich öffne die Augen, und tatsächlich schaut Malou mit nach rechts gedrehtem Kopf auf den Ventilator. Für mich ist dies Information genug, darauf zu vertrauen, dass wir im Gespräch sind. Ich kann kein Bild empfangen, wenn ein anderer es nicht sendet. Der Hund hätte überall hinschauen können, aber ich habe genau empfangen, wohin er blickt.

Dann stelle ich mir die Treppe vor. Ich sehe sie deutlich vor mir.

Mir wird schwindlig. Ich schaue in einen Abgrund. Ich stehe auf einem Zehnmeterbrett und sehe in ein weißes leeres Becken. Ein Albtraum.

Ich sehe den Hund an, der Hund sieht mich an. Er kommt langsam heran und ist sehr sanft, als er seine Schlabberschnauze auf mein Knie legt.

Ich könnte mir vor den Kopf schlagen. Ich habe genau das gesehen, was ich beim ersten Hinauflaufen der Treppen gedacht habe: Der Hund SIEHT sie nicht!

Ich rufe die Frau und den Mann wieder herein.

»Ich möchte jetzt ins Nachbarhaus gehen und sehen, wie Malou auf den weißen Stufen dort hinunterläuft.«

Der Mann kratzt sich am Kopf. »Das war, als er fünf Monate alt war. Jetzt läuft er die Stufen schon lange nicht mehr.«

Ich schlucke. Na toll. Die zwei hatten meine Theorie offenbar für zu gewagt befunden und als Abwehr nach irgendeinem Argument gegriffen – und ich habe mich tatsächlich sofort davon abbringen lassen.

Ich lerne eine wichtige Lektion: Egal was Menschen über ihre Hunde sagen, überprüfe es! Das hat mir in den Jahren danach viele Misserfolge erspart.

In der nächsten Stunde habe ich schwarzes Klebeband dabei. Die Kanten des gesamten ersten Treppenabsatzes im Erdgeschoss sind abgeklebt, um sie zu markieren, und wir gehen mit Malou auf dem Arm hinunter. Ich schwöre die Frau ein. »Sie gehen nur diesen einen Absatz hinauf, machen dann überraschend eine Kehrtwendung und laufen, egal was passiert, schnurstracks hinunter.«

Die Frau läuft die Treppe hoch, macht kehrt, Malou schreit den Welpenschrei, ich schreie »Weiter!«, die Frau läuft die Treppe runter – und der Hund hinterher.

Malou ist zum ersten Mal ein paar Treppenstufen hinuntergelaufen. Wir wiederholen das, bis Malou diesen Treppenabsatz ohne Probleme läuft. Das bleiche Gesicht der Frau bekommt langsam Farbe, der Hund einen sicheren Gang.

Vier Stunden später erhalte ich die erste SMS: »Malou läuft zwei Stockwerke. Juchu!« Sechs Stunden später die zweite SMS: »Alle Treppenstufen, fünf Stockwerke, er ist richtig stolz! Wir auch!«

Natürlich freue ich mich sehr, nur ein kleiner Wermutstropfen bleibt. Ich hätte uns einige Therapiestunden ersparen können.

Gänsehaut

Ein Mann ruft mich zu seinem bissigen Schäferhund auf sein Grundstück am Rande von Berlin. Natürlich sind das nicht die Verabredungen, denen ich vor Freude entgegenfiebere, aber immerhin sind es Herausforderungen, bei denen man jedes Mal etwas dazulernen kann. Der fünfjährige Schäferhund Baltus lässt, nach Aussage des Mannes, keinen mehr auf das Grundstück.

Ich parke im Matsch der letzten Regentage vor einem Häuschen, sehr abgelegen am Waldrand. Idyllisch, denke ich noch. Was muss man arbeiten, um so abgeschieden leben zu dürfen? Ich klingle, ein Summer öffnet mir die Tür. Ich lausche auf ein Hundebellen. Nichts.

Das bei einem Schäferhund. Bei einem Schäferhund, der sonst keinen auf den Hof lässt. Lauert er irgendwo? Das wäre zwar sehr untypisch, aber für alles gibt es ein erstes Mal.

Die Stille ist unheimlich.

Ein Mann öffnet mir die Haustür, blickt kurz um sich, begrüßt mich mit seltsam verhuschtem Blick. Will er nicht, dass die Nachbarn sehen, dass eine Hundetrainerin kommt? Es gibt weit und breit keine Nachbarn. Hat er sich nach dem Hund umgeschaut, der noch immer ein Phantom ist? Ein Schauer überläuft mich. Ich kann nicht sagen warum, aber ich habe Gänsehaut.

Ich trete ein. Der Mann schaut mich an, wie man Bazillen unter einem Mikroskop betrachtet. Ein misstrauischer Zeitgenosse, versuche ich mich zu beruhigen.

»Wo ist denn der Hund?«, frage ich, um die Situation zu ent-spannen.

Er macht eine undefinierbare Bewegung in Richtung Hof. Von dort: Stille.

»Ist er immer so ruhig?«

»Na ja, das hängt von der Tagesform ab«, sagt der Mann mit starrem Blick.

Mir wird unheimlich. Ich habe einmal einen Karatekurs besucht. Die Trainerin erzählte uns, dass eine Frau mit 53 Messerstichen getötet worden ist und sich nicht gewehrt hat. Ihr war gar nicht bewusst, dass man sich wehren kann, sonst wäre sie vielleicht nicht getötet worden. Sie berichtete auch von Frauen, denen es zu albern schien, einen Mann, der sie nachts auf der Straße verfolgte, zu verdächtigen, und was mit ihnen passiert war.

Seltsamerweise fällt mir genau das jetzt wieder ein. Ich gehe sofort zu der hinteren Haustür, reiße sie auf und renne in den Hof.

Kein Hund.

»Wo ist Ihr Hund?«, rufe ich mit funkelnden Augen.

Der Mann wedelt aufgeregt mit den Armen. »Ich habe ihn in die Garage eingesperrt«, ruft er panisch.

Mein Herz schlägt bis zum Hals. Ich spüre bis in die letzte Haarwurzel, dass hier etwas faul ist. Stürze zum Gartentor.

Hinaus. In mein Auto. Fahre los.

Nach 500 Metern rufe ich die Polizei an, auf die Gefahr hin, mich bis auf die Knochen zu blamieren. Aber ich vertraue auf mein Gefühl und berichte von dem Vorfall. Nach 20 Minuten kommt die Polizei.

Wir klingeln, der Mann öffnet und kommt in den Hof.

»Ich habe meinen Hund vor zwei Wochen abgegeben und vergessen, den Termin hier abzusagen«, sagt er während der Befragung und deutet auf mich.

Die Polizei nimmt seine Daten auf. Ein Polizist sagt zum Abschied zu dem Mann: »Wir prüfen Ihre Angaben nach und werden ein Auge auf Sie haben.«

Tatsächlich teilt mir die Polizei später mit, dass er den Hund abgegeben hatte. Dennoch sage ich meinen Mitarbeiterinnen jetzt Bescheid, wenn ich auf einsame Gehöfte fahre.

Vertauschte Rollen

Ein wenig ärgert es mich immer, wenn Menschen erst dann handeln, wenn plötzlich ihre eigenen Lebensumstände eingeschränkt werden, auch wenn die des Hundes schon lange betroffen waren. Selten erlebe ich, dass ein Mensch mich anruft, wie auch schon geschehen, und sagt: »Ich war jetzt lange schwer krank und habe meinen Hund sehr gebraucht, ich glaube, jetzt braucht er mal wieder mich. Bitte zeigen Sie mir, was ich für ihn tun kann.«

Als mich ein solcher Anruf von einer Frau erreichte, die zwei Organtransplantationen hinter sich hatte, war ich sehr gerührt. Meistens jedoch ist es nur allzu menschlich, erst dann anzurufen, wenn es bereits lichterloh brennt. Das kennen wir irgendwie und von irgendwoher ja alle.

Die Frau, zu der ich fahre, wird ihre Wohnung verlieren, wenn ich ihrem Hund nicht helfen kann. Der Vermieter hat ihr nach mehrfachen Klagen der Mitbewohner über das stundenlange Bellen und Winseln eine Frist zur Beendigung der Belästigung gesetzt.

»Er ist sonst ganz lieb«, sagt sie entschuldigend am Telefon, als müsse sie auch mich wegen des Bellens besänftigen.

Bei meinem Klingeln öffnet eine hübsche, modern gestylte Frau in meinem (mittleren) Alter. Ein großer, weißgelockter Hund schießt wedelnd auf mich zu. »Hum, hum, hum«, schnauft er (was »Oh ist das aufregend!« heißen könnte).

Ich werde ins Wohnzimmer geführt und stelle mich, immer den Hund im Blick, vor eine Couchgarnitur. »Das also ist er?«, frage ich.

Ich sehe noch den irritierten Blick der Frau und dass sie für einen kurzen Moment die untere Gesichtshälfte hochzieht, wie man es tut, wenn man den Schmerz eines Mitmenschen nachfühlen kann. Dann spüre ich einen saftigen Biss in meinem Hintern.

Der Hund steht nach wie vor vor mir.

Etwas perplex drehe ich mich um. Hinter mir auf der Couch rüstet sich ein kleiner brauner Dackelmix zähnefletschend zur nächsten Attacke. Die Frau steht regungslos.

»Frau W.«, rufe ich energisch. »Nehmen Sie sofort diesen Hund an die Leine.« Frau W. schaut mich verdattert an. »Leine? In der Wohnung? Warum?«, scheint in Riesenlettern auf ihrer Stirn zu stehen.

Bevor die Leine da ist, gehe ich einfach einen Schritt auf den Hund zu. Er springt, wie ich erwartet habe, fiepend zurück. Bei so einem Hund ist es nur gefährlich, sich umzudrehen. Von vorn droht keine Gefahr.

»Warum haben Sie mir nicht gesagt, dass Sie zwei Hunde haben und einer Ihrer Hunde beißt?«, frage ich, nachdem der Dackelmix an der Leine ist und ich auf der Couch Platz nehmen kann.

»Sie haben doch nicht danach gefragt«, antwortet sie treuherzig.

Ich spiele kurz das Szenario durch, künftig JEDEN Hundebesitzer, der mich anruft, zu fragen: »Okay, Sie sagen, Ihr

Hund jagt, aber haben Sie auch noch einen zweiten Hund, der beißt?«

»Hören Sie, Sie können bei Besuch doch nicht ernsthaft das Risiko eingehen, dass ein Mensch gebissen wird. Man sieht doch, dass dieser Hund bereits Erfahrung darin hat.« Mein Hintern schmerzt trotz des festen Jeansstoffs gewaltig.

Die Frau schaut mich wieder erstaunt an.

Ich spüre, dass sie tatsächlich nicht versteht, warum ich diese Bagatelle so wichtig nehme. Sie hat offenbar noch nie spüren müssen, wie schmerzhaft ein harter Hundebiss sein kann, auch wenn er »nur« Hämatome zurücklässt. Ganz zu schweigen von dem Schrecken, den ein Mensch bekommen kann, der normalerweise nichts mit Hunden zu tun hat.

In ihren Augen ist der Dackelmix ein Lämmchen, weil er lieb zu IHR ist. Ich erlebe immer wieder, dass Menschen die Aggressionen ihres Hundes komplett ausblenden. Das ist wie bei Frauen, die von ihrem Mann immer wieder geschlagen werden und dann sagen: »Nein, er ist wirklich nicht aggressiv, er ist sonst der liebste Mensch auf Erden. Er war nur nicht bei sich.« Würden sie die Realität wahrnehmen, müssten sie sich damit auseinandersetzen. Oft braucht es viele traurige Vorfälle dieser Art, bis sich diese Frauen dazu durchringen. Dasselbe gilt für Hundebesitzer mit einem bissigen Hund.

Es ist zu spüren, dass der Dackelmix hier in eine Beschützerposition gedrängt wurde, von der er restlos überfordert scheint. Er beobachtet jede meiner Bewegungen mit Argusaugen und wird dabei fleißig von der Frau gestreichelt.

Ich zeige auf den Hund. »Bei diesem Kontrollverhalten ist

es ganz klar, dass er Sie nicht allein aus der Wohnung gehen lässt. Er erlebt einen Kontrollverlust, wenn er Sie nicht mehr beschützen kann.«

»Nein, nein. Er hat Angst allein und Sehnsucht nach mir. Deshalb bellt er«, wehrt sie meine These erschrocken ab.

»Wenn Sie ihn draußen von der Leine lassen, hat er dann auch Sehnsucht nach Ihnen, oder macht er dann, was er will?«, frage ich sachlich.

Die Frau blickt betroffen. »Ich kann ihn gar nicht von der Leine lassen, weil er nicht hört«, gesteht sie dann.

»Wir können ja einmal schauen, in welcher Beziehung Sie zueinander stehen. Das ist die Grundlage für unsere Arbeit. Wir müssen wissen, woran wir arbeiten müssen, damit der Hund alleine bleiben kann.«

Ich zeige der Frau an dem größeren Hund, der Oskar heißt, wie man einen Hund auf einem Platz hält und danach weggehen kann. Ein kurzes Schieben an die richtige Stelle im Raum und ein freundlich ausgesprochenes »Scht« veranlasst Oskar, an einer Stelle im Wohnzimmer zu bleiben und mich mit einem gespannten Blick zu verfolgen. Ich sehe ihm an, dass er sich weitere Aufgaben verspricht. Da er jedoch nur an der einen Stelle bleiben soll, was ihm schnell klar wird, als er sie verlassen will und ich ihn warne, beginnt er in einer Vorzüglichkeit zu »bleiben«, die bemerkenswert ist.

Er legt sich hin und legt beide Pfoten elegant übereinander ab. Seinen Kopf hält er sehr aufmerksam nach oben, und in seinen Augen blinkt mit Leuchtschrift die Frage: »Wenn ich schon nur zeigen darf, wie toll ich bleiben kann, siehst du dann wenigstens, dass es keiner besser macht als ich?«

Natürlich sehe ich es und leider auch, wie unterfordert Oskar zu sein scheint in seinem Bemühen, etwas ganz toll zu tun. »Guter Junge«, brumme ich anerkennend, und Oskar reckt den Kopf noch etwas höher.

Ich bitte die Frau, dasselbe mit dem Dackelmix zu wiederholen. Sie beginnt mit einer laschen, halbherzigen Geste in seine Richtung. Der Hund springt bellend um sie herum und verbittet sich irgendwelche Anweisungen. Dafür ist er zuständig. »Na mein Armer, na komm, mach ein bisschen Sitz, nur ein bisschen«, nimmt sie ihren Versuch, körpersprachlich zu agieren, sofort zurück.

»Warum bemitleiden Sie den Hund?«, frage ich ratlos.

»Na ja, er ist aus Polen, und er war ganz lange krank als Welpe, und er hat immer so viel Angst.«

»Frau M., liegen Sie nachts in Ihrem Bett und denken daran, dass Sie als Kind einmal schlimm die Masern hatten? Ihr Hund macht das bestimmt nicht. Ich sehe auch nicht, dass er gerade Angst hat. Er schnauzt Sie kräftig an, weil Sie etwas von ihm verlangen.«

»Aber er war damals sooo klein.« Sie hebt eine leere Handfläche.

»Jetzt ist er ein ganz normaler Hund«, erwidere ich und störe mit diesem nüchternen Einwand die Erinnerungen der Frau.

Sie verzieht unangenehm berührt das Gesicht. Ich spüre, dass sie den winzigen, kranken Welpen noch immer braucht.

»Frau M., es ist wichtig für den Hund, dass er Ihre Unterstützung bekommt. Ihm ist nicht klar, dass Sie ihn bemitleiden und sich um ihn ängstigen. Er spürt nur, dass Sie eine sehr schwache Energie besitzen, wenn Sie so mit ihm umgehen, und sorgt sich um Sie. Ich könnte mir vorstellen, dass Ihnen bisher entgangen ist, dass er SIE beschützen will.«

Genau auf dieses Stichwort hin schießt der Hund plötzlich wieder auf mich zu und will mich erneut attackieren. Ich hebe gerade meine Fußsohle als Schild nach vorn, da wirft sich Oskar vor mich und wehrt den Dackelmix mit seinem Körper ab. Er ist viel kräftiger und könnte seine Überlegenheit gegen den kleineren Hund einsetzen. Stattdessen hält er den Schnappern des Dackelmix nur tapfer stand, was ihm sicher ein paar blaue Flecken einbringt.

In diesem Moment begreife ich einen weiteren tragischen Fakt. Ich habe es hier bei Oskar mit einem sehr seltenen Exemplar von Leithund zu tun, der souverän und prompt handelt und sich lieber selbst verletzen lässt als zu verletzen. Auch mein Leithund Wanja in Russland verhielt sich so. Wanja wurde oft beim Streitschlichten im eigenen Rudel verletzt. Er selbst hat jedoch, nach meiner Kenntnis, nie einem anderen eine ernsthafte Verletzung zugefügt.

Stellen Sie sich vor, ein dreijähriges Kind würde Sie schlagen. Sie schlagen natürlich nicht zurück (falls doch, empfehle ich eine Beratung). So verhält es sich auch mit dem Status eines souveränen Leithundes. Wenn unsichere Hunde meinen, mit Aggression zu einer Lösung zu kommen, reagiert der Leithund gerade nicht mit Aggression.

Der Dackelmix knurrt, fletscht die Zähne, versucht immer wieder, an Oskar vorbeizukommen, und kapituliert dann schließlich vor Oskars ruhiger Kompetenz. Die tragische Komponente dabei aber ist, dass die Frau ruhig zu-schaut, wie der Dackelmix Oskar beißt, als Oskar sich aber erlaubt, endlich einmal zu knurren, ruft: »Oskar, wirst du wohl.«

Wären es zwei Geschwister, so könnte man das Ganze mit folgender Situation vergleichen: Der Knabe Manfred haut dem Knaben Oskar mit der Schippe auf den Kopf. Oskar hält den Klopfern wacker stand und versucht, die Situation durch Ruhe zu befrieden. Als der kleine Bruder stärker zuhaut, sagt Oskar: »Hee!«, um Manfred zu stoppen. Dann kommt die Mutter herein und sagt: »Oskar, wirst du wohl.«

Großartig!

Auch dieser Oskar hier schaut verzweifelt von einem zum anderen. Er versteht die Welt nicht mehr. Er ist das einzig kompetente Wesen hier und muss so viel Inkompetenz ver-kraften. Zu allem Überfluss soll er sich im Alltag der perso-nifizierten Inkompetenz auch noch anvertrauen und auf sie hören.

Würde die Frau die Statusverteilung im Rudel akzeptie-ren und den von ihr vorgezogenen Dackelmix nicht wei-ter künstlich aufblasen, könnte sie sich zu 100 Prozent auf Oskar verlassen. Sie müsste eigentlich nur ihm beistehen, dann würde auch der Dackelmix-Angsthase, dem eine rie-sige Aufgabe zugeteilt wurde, die er nicht erfüllen kann, an Sicherheit gewinnen.

Ich versuche, ihr das zu erklären, und weise sie darauf hin, dass sie ihr Verhalten grundlegend ändern müsste, um Ruhe in dieses Rudel zu bringen.

»Er kann nicht allein sein. Nur darum geht es«, sagt die Frau, als hätte ich bisher nichts gesagt.

»Das leuchtet mir ein«, antworte ich. »Wenn ich so viel zu beschützen hätte wie dieser Hund, würde es mich auch wahnsinnig machen, wenn die Schutzbefohlene einfach die Wohnung verlässt, mir die Tür vor der Nase zuschlägt und mir jede Möglichkeit nimmt, sie zu beschützen.«

»Aber der Hund muss mich doch gar nicht beschützen«, ruft die Frau genervt.

»Doch. Genau das sagen Sie ihm mit Ihrem Verhalten. Schon indem Sie ihn all das tun lassen, was er will, sagen Sie ihm, dass Sie wunderbar finden, was er macht. Zieht einer dann eine Grenze, wie Oskar, schimpfen Sie mit diesem. Das bestätigt den Kleinen ununterbrochen in seinen verzweifelten Bemühungen, etwas zu regeln, was er gar nicht einschätzen kann.«

Die Frau ist unangenehm berührt. »Das ist nicht mein Problem. Er kann nur nicht allein sein«, wiederholt sie standhaft.

Hier beginnt mein Fehler.

Ich versuche weiter, das Missverständnis auf freundliche Weise aufzuklären. Sie reagiert höflich und gibt vor, mit dem Dackelmix die Übung zur Führung machen zu wollen, mit der wir bereits angefangen haben. Auch will sie über das nachdenken, was ich gesagt habe, und ihr Verhalten Oskar gegenüber ändern. Ich spüre, dass sie das sagt, um mich loszuwerden, WILL es aber glauben.

Zwei Wochen später, am Morgen unseres zweiten Trainingstages, ruft sie mich an.

»Ich habe Oskar weggegeben. Es ging nicht mehr mit zwei Hunden. Ich muss heute länger arbeiten und kann die Stunde nicht wahrnehmen.«

Mir ist sofort klar, dass sie die Stunde niemals wahrnehmen wird. Dass sie ihre Gefühle für den Dackelmix braucht, so wie sie sind.

Es tut mir sehr leid für den kleinen Dackelmix, der nun keine Entlastung finden wird. Vielleicht hätte ich anderen Zugang gefunden, wenn ich bestimmter gewesen wäre. Vielleicht auch nicht. Ein ungutes Gefühl bleibt.

Ich kann jedoch nicht verschweigen, dass ich mich für Oskar freue, der eine neue Chance bei anderen Menschen bekommt, die sein wunderbares Wesen hoffentlich zu schätzen wissen.

Der Überfall

Meine Mitarbeiterin Freerke informierte mich aufgeregt über den Inhalt einer Mail, die im Büro des Dog-Instituts eingegangen ist.

»Du, da ist etwas ganz Furchtbares passiert. Ein Mann ist in seiner Wohnung überfallen worden, und sein Hund war dabei. Jetzt hat nicht nur der Mann, sondern auch sein Hund ein Trauma. Kannst du da bald helfen?«

Ich rufe sofort an und erfahre folgende Geschichte: Der Mann, der am Kudamm wohnt, ist von Geburt an halbseitig gelähmt und geht an einem Stock. Mit seinem Lebensgefährten und seinem Hund ging er zu einem Bankautomaten, um eine größere Summe Geld abzuheben. Sie sind bereits wieder in der Wohnung, als es klingelt. Der Lebensgefährte öffnet, zwei bewaffnete Männer dringen ein, überwältigen die zwei Wohnungsinhaber, fesseln sie und rauben sie aus. Der Hund bellt während der ganzen Zeit hysterisch, weicht aber angstvoll vor den Angreifern zurück. Vielleicht hat ihm diese Angst das Leben gerettet, wäre er nach vorn gegangen, hätten die Eindringlinge vielleicht ihre Waffen benutzt.

»Wir waren mit Lulu beim Tierarzt, weil sie seitdem Panikattacken hat, wenn Besuch kommt oder wenn sie Geräusche im Treppenhaus und Flur wahrnimmt. Die Tierärztin stellte ein Trauma fest und empfahl uns, zu Ihnen zu gehen, um Lulu mit einer Verhaltenstherapie zu helfen«, erzählt der Mann zu meiner Überraschung sehr ruhig und gefasst.

»Erhalten Sie selbst auch therapeutische Unterstützung?«, frage ich nach.

»Ja, der Weiße Ring hat uns einen Therapeuten zur Verfügung gestellt, und wir haben den Vorfall, soweit es geht, aufgearbeitet. Natürlich ist es immer noch so eine Sache, wenn es an der Tür klingelt und wir im Dunkeln auf der Straße sind, aber es geht alles schon wieder viel besser. Wichtig ist jetzt Lulu, deren Angst immer schlimmer geworden ist statt besser.«

»Das Wesen solcher Ängste ist leider, dass sie immer schlimmer werden, wenn man sich nicht mit ihnen auseinandersetzt. Gut, dass Sie für Lulu Hilfe suchen.«

Wir verabreden einen Abendtermin.

Der Mann, der mir öffnet, wirkt zart und hat das Gesicht und die Ausstrahlung eines Schöngeists aus früheren Zeiten. So stelle ich mir einen Dichter bei Hof vor. Feingliedrig und zurückhaltend vornehm gekleidet. Die Wohnung ist gemütlich eingerichtet, ein Fernseher ist nicht zu sehen, dafür jede Menge Bücher.

Ich bin erstaunt, wie gewandt der Mann sich mit seiner halbseitigen Lähmung bewegt und wie wenig davon zu sehen ist. Es erfordert ein genaues Hinschauen, den starr angewinkelten Arm mit der gebeugten Hand zu bemerken. Er nimmt diese Haltung mit so großer Anmut ein, dass sie etwas Elegantes ausstrahlt. Wie ein Mensch, der beim Teetrinken vornehm den kleinen Finger abspreizt.

Sein Lebensgefährte ist das genaue Gegenteil des zarten Mannes. Wer »Alexis Sorbas« gesehen hat, weiß, wovon ich spreche. Haben Sie diesen wunderbaren Film jedoch verpasst, stellen Sie sich einen kraftvollen, sinnlichen Naturburschen vor, mit blitzenden Augen und Bewegungen, die keinerlei Nebensächlichkeiten pflegen. Der Lebensgefährte spricht hervorragend Deutsch mit einem mir sehr lieben slawischen Akzent.

Unsere Begrüßung wird übertönt vom tosenden Gebell eines offenbar großen Hundes. Bevor ich Lulu sehe, höre ich bereits ihre Panik, und dass sie gerade einen absoluten Kontrollverlust erlebt. Das Bellen kippt um in ein verzweifeltes Winseln mit dem Versuch, sich in eine aggressive Drohung zu steigern, die dann sofort in hysterische Angst umschlägt.

Dieser Eindruck wird durch das Auftauchen Lulus bestätigt. Eine Rottweiler-Schäferhund-Mischung schießt auf mich zu, rammt kurz in mich hinein und zuckt ängstlich wieder zurück. Sie versucht mehrfach verzweifelt, mich mit ihrem Körper in meinem Bewegungsraum einzuschränken und mir den Weg in die Wohnung zu versperren. Dabei macht sie Drohgebärden, die mich abschrecken sollen. Ihre Schnauze berührt mich mehrfach mit hochgezogenen Lefzen. Ihre Zähne jedoch spüre ich nicht. Eine durch alle Angst hindurch fühlbare Sanftheit in ihrem Wesen hindert sie trotz ihrer Panik offenbar daran, mich zu beißen.

Dass sie sich diesen Zug trotz des traumatischen Erlebnisses erhalten konnte, zeigt wieder einmal, wozu Hunde fähig sind.

Wir müssen sehr laut sprechen, um die aufgeregte Hündin zu übertönen. Allein dass ich sie ignoriere, scheint sie jedoch schon etwas zu beruhigen, und ich gehe ruhig zum Sofa im Zimmer. Dabei hole ich wie nebenbei das »Hundeparadies auf Erden« aus meiner Tasche. Die Tupperdose mit frisch gebratenen Putenstückchen weckt sofort die Aufmerksamkeit der Hündin. Ich werfe das Futter fort von mir auf den Boden, ohne Lulu dabei anzuschauen.

Sie holt sich die Beute sofort und behält mich dabei genau im Auge. Das ist ein sehr gutes Zeichen, denn wenn die Angst eines Hundes zu groß ist, frisst er gar nichts, und es ist schwieriger, ohne diese Brücke an ihn heranzukommen.

Sobald ich Lulu anschaue, bellt sie mich hysterisch an. Schaue ich weg, holt sie das Futter bereits aus meiner Hand. So beginne ich nach wenigen Minuten mit der ersten Übung. Ich möchte sehen, wie schnell Lulu bereit ist, wieder Vertrauen zu fassen, wenn man sich ganz ruhig und souverän zeigt.

Es ist wichtig, ihr zu vermitteln, dass ich weiß, was ich tue und was ich will. Ich habe einmal im Fernsehen einen Hundetrainer gesehen, der in einem solchen Fall hockend, mit abgewandtem Rücken und die Hand mit einem Leckerli nach hinten haltend immer wieder sagte: »Ich tu dir nichts. Komm her.« Woraufhin der angesprochene Hund hinter ihm fast kollabierte.

Stellen Sie sich vor, Sie hätten Angst vor kleinen Männern mit Strubbelhaaren. Es klingelt, Ihre Frau/Ihr Mann öffnet und lässt einen kleinen Mann mit Strubbelkopf in Ihr Wohnzimmer. Der hockt sich abgewandt von Ihnen auf den

Teppich und sagt: »Ich tu dir nichts. Komm.« Es mag dann wohl einen beruhigenden Effekt haben, dass der Mann nicht auf Sie zustürzt und Sie anschreit, aber unheimlich bleibt an dem hockenden Wesen, dass es nicht verrät, was es ÜBERHAUPT für Absichten hat und ob es vielleicht im nächsten Moment nicht doch noch losspringt. Sie können ja seinen Gesichtsausdruck nicht sehen.

Ich habe immer wieder die Erfahrung gemacht, dass es Vertrauen schafft, sich zu zeigen. Nicht nur bei Hunden.

Indem ich Lulu ruhig und deutlich klarmache, dass sie an einer bestimmten Stelle bleiben soll und sofort mit mir rechnen muss, wenn sie es nicht tut, möchte ich ihr zeigen, dass ich ernst nehme, was ich tue. Dadurch kann sie mir auch zutrauen, dass ich Situationen, die ihr bedrohlich erscheinen, ebenfalls ernst nehme.

Sie beobachtet mich genau und setzt zwei Pfoten nach vorn.

Ich warne sie mit einem Warngeräusch und gehe sehr bestimmt auf sie zu, als sie weiterläuft. Ich bleibe dabei aber völlig ruhig. »Ich nehme die Dinge nicht nur ernst, sondern ich bleibe dabei auch völlig ruhig«, möchte ich ihr damit sagen. Sie könnte mir in einer Gefahrensituation nicht vertrauen, würde ich schon jetzt hektisch reagieren. Souveränität zeigt sich im Alltag gerade in den kleinen Dingen.

Tatsächlich bleibt sie nach kurzer Zeit an jeder Stelle, die ich ihr ohne ein Wort, nur mit einem leichten Vornüberbeugen, zuweise. Sie beginnt, mir zu vertrauen.

Ich möchte diese wortlose Form der Führung dem Mann beibringen. Dazu bitte ich darum, Lulu in den Nachbarraum zu bringen. Ich habe Angst, dass sie wieder in Panik gerät, wenn ich zackig auf den Mann zulaufe, damit er an mir Bewegungseinschränkung übt.

Der Mann hat wie jeder Mensch anfangs die Schwierigkeit, diese Hundeform des Kommunizierens umzusetzen und alles Gerede wegzulassen. Hunde nehmen die Energie ihres Gegenübers wahr und reagieren darauf. Ohne Worte.

Aber der Mann lernt schnell und ist nur deshalb unsicher, weil er sich wegen seiner Behinderung selbst zu langsam glaubt. Er bleibt angespannt, und ich befürchte, dass Lulu sich ihm daher nicht anvertrauen kann. Sie kennt den Grund für seine Unsicherheit ja nicht.

Genau darum geht es jedoch. Wenn der Hund sich durch SEINE Menschen nicht abgesichert fühlt, muss er selbst versuchen, die potentiellen Angreifer abzuwehren. Ziel ist, dass Lulu sich an ihren Menschen orientiert und durch sie erfährt, ob es sich überhaupt um eine Gefahr handelt, wenn Besuch kommt. Außerdem braucht sie eine Information darüber, wie sie sich in solchen Situationen verhalten soll (zum Beispiel, auf ihrem Platz zu bleiben).

Wir holen sie wieder herein, und ich bin erstaunt, wie freundlich sie sofort auf mich zukommt. Dadurch setze ich große Hoffnung in unsere Arbeit.

Der Mann übergibt an seinen Lebensgefährten. Er selbst muss erst einmal alles gedanklich sortieren. Da er offenbar auch sonst viel mit dem Kopf arbeitet, kann er nun nicht von einer Sekunde auf die nächste einem Gefühl folgen.

Der »Alexis Sorbas«-Lebensgefährte wiederholt die Übung. Ich richte mich auf Korrekturen ein, doch die sind nicht nötig. Er hat allein durchs Zusehen bereits alles begriffen.

Seine Kommunikation mit der Hündin ist so freundlich und bestimmt zugleich, dass ich mir ein begeistertes Bravo verkneifen muss, um die Hündin nicht zu erschrecken. Er bewegt sich lässig und völlig entspannt von der Hündin weg, reagiert aber sofort mit einem Warngeräusch, als diese ihren Platz verlassen will. Sie setzt sich sogleich wieder auf ihren Hintern und blickt ihn ehrfürchtig an. Ich ebenso.

Wir alle sehen, dass man Vertrauen in diesen ruhigen, kraftvollen Menschen setzen kann.

Es klingelt. Der geplante Trainingsbesuch kündigt sich an. Ein Freund war eingeladen worden, der jedoch kurzfristig absagen musste. So springt ein gewisser Helmut ein, der in derselben Straße wohnt und »gern bereit ist, von der Couch aufzustehen«, wie er sagt.

Lulu hat eine Schlüsselbandschlaufe an ihrem Halsband, an der sie der Lebensgefährte, wie zuvor abgesprochen, zügig zu ihrem Platz zurückbringt, nachdem sie, zu schnell für eine sofortige Reaktion, doch zur Tür gelaufen ist. (Greifen Sie bitte in einer solchen Situation nie in das Halsband, das wäre, als drückten Sie den Einschaltknopf für mögliche Aggressionen.)

Der Lebensgefährte stellt sich demonstrativ vor den bellenden Hund. »Sssst« warnt er ihn vor einer weiteren Einmischung in das Geschehen. Der andere Mann öffnet die Tür.

Ein polternder Riese kommt herein. Seemänner stellt man sich so vor oder alternde Cowboys, wobei sich beide Gattungen ruhiger verhalten dürften.

Helmuts Augen bekommen einen eindeutig heterosexuellen Glanz, als er mich begrüßt. »Ach, na so wat. Tach auch, anjenehm«, sagt er, während er meine Hand zerdrückt und mir auf den Busen blickt.

»Schön, dass Sie uns helfen«, antworte ich und bitte ihn, Platz zu nehmen und den Hund nicht anzuschauen.

»Neben Ihnen jern«, wird er forscher und lässt sich neben mich auf das Sofa fallen. Er ist sicher 1,90 Meter groß und wirkt trotz seiner vielleicht 60 Jahre noch stark wie ein Bär. Eine echte Herausforderung für Lulu.

Diese jedoch hört nach ein paar Bellern auf, legt sich, den beschützenden Mann vor sich, in ihrem Korb hin und den Kopf ab. Ihre beiden Menschen sind sprachlos. Der Lebensgefährte entfernt sich vom Korb und setzt sich auf einen Stuhl. Ruhe. Das andächtige Schweigen wird nur von Helmut unterbrochen.

»Nu, was soll denn dat hier sein. Dat is doch normal, dat ein Hund bellt, da brauch man doch nich so 'nen Herrmann zu machen. Ick hatte selbst zwee Schäferhunde, die ham pariert. Da gab's nischt.«

Der Mann versucht ihm klarzumachen, wie die Reaktion von Lulu üblicherweise ausgefallen wäre und dass sie noch bei meinem Eintreffen vor einer Dreiviertelstunde entsprechend gebellt hat.

»Hm«, kommt es ungläubig zurück.

»Ham se das jelernt?«, werde ich gefragt. Ich beantworte die Frage positiv.

»Aber 'n hübsches Mädel sind 'se«, sagt er zu mir, der fast Fünfzigjährigen.

»Na immerhin etwas«, antworte ich.

Ich schlage vor, dass Helmut noch einmal zur Tür hereinkommt. Bei seinem zweiten Klingeln bellt Lulu, hört aber sofort damit auf, als der Lebensgefährte ein sanftes »Scht« von sich gibt und sich vor sie stellt.

Helmut stapft an Lulu vorbei und lässt sich neben mich auf das Sofa fallen, sodass ich einen Hopser mache. »Iss ja langweilig«, kommentiert er das erfreuliche und schnelle Ergebnis der guten Führung.

»Wir könnten mit der Übung ›Touch‹ noch eine weitere Annäherung an den Besuch erreichen.« Ich erkläre die Funktion dieser Konditionierung und warum ein Hund dadurch die Kontrolle über eine Situation gewinnt, in der er sonst einen Kontrollverlust erlebt.

Ich halte Lulu meine Hand hin, warte, bis sie sie mit der Schnauze berührt, und gebe ihr erst dann aus der anderen Hand ein Leckerli. Sie versteht sehr schnell, und bereits nach kurzer Zeit kann ich durch den Raum gehen, meine Hand irgendwohin halten, »Touch« sagen, und sie stupst mit der Nase daran. Egal wie ich mich auf sie zu- oder von ihr fortbewege, Lulu zeigt keinerlei Angst mehr, denn sie ist nun völlig auf diese Lernübung und ihre eigenen Erfolgserlebnisse konzentriert. Ich gehe zurück zum Sofa und zeige, wie man nun die eigene Hand über die Hand des Gastes halten kann und weiter »Touch« spielt.

Helmut gibt mir mit dem Handrücken Morsezeichen in

meine Handinnenfläche, die offenbar seine Begeisterung über die Berührung ausdrücken sollen. Lulu macht weiter »Touch« an meiner Hand, knurrt Helmut jedoch sofort an, wenn ich seine Hand für ihre Berührung freigebe.

»Sie dürfen sie nicht ansehen«, beschwere ich mich bei ihm.

»Du kannst mich ruhig duzen«, antwortet er.

Ich beschließe, die Stunde zu beenden, damit wir jetzt keine Rückschritte machen. Während ich die Stunde zusammenfasse, läuft Lulu zwischen ihren Menschen und mir hin und her und stupst uns mit der Schnauze an die Hände, um die Übung fortzusetzen. Als niemand reagiert, legt sie sich vor meine Füße und betreibt Knopfaugen-Hypnose. »Hast du noch was auf Lager?«, scheint sie zu sagen.

Wir verabreden einen neuen Termin zur Fortführung der Therapie und zu einer Einzelstunde mit dem gelähmten Mann. Er braucht unbedingt noch Unterstützung.

Helmut muss ganz dringend aufbrechen, als er hört, dass ich gehe. Auf der Straße ist er jedoch plötzlich sehr schüchtern. Ich hatte mit allem gerechnet, nur nicht damit. Er schleicht, zu mir schielend, neben mir her und wartet auf eine Reaktion. Ich habe Feierabend, auch von Helmut.

Auf dem Heimweg denke ich über Lulu nach und über das Glück, dass sie einen so souveränen Menschen wie den slawischen »Alexis Sorbas« an ihrer Seite hat, der ihr heute durch sein sicheres Auftreten so schnell helfen konnte.

Hunde können sehr schnell Dinge, zu denen wir Jahre

bräuchten. Von einem Moment auf den anderen etwas zu ändern, nur weil sich die Umstände geändert haben, das ist gewiss nicht unsere größte Gabe. Ausgerechnet das Denken, auf das wir so stolz sind, verbaut uns diese Fähigkeit. Wir könnten nicht glauben, dass ein Nachbar, der bisher immer unfreundlich war und eines Tages plötzlich freundlich ist, sich über Nacht geändert hat. Wir dächten sofort: »Was führt er im Schilde? Was hat er vor? Was will er?«

Ein Hund würde sich freuen, dass der Mann, der sonst so unfreundlich war, nun freundlich zu ihm ist.

Das kann man von Hunden lernen. Vielen Dank, Lulu.

Der Chefwechsel

Das Häuschen, in dem die beiden wohnen, steht versteckt zwischen großen alten Bäumen. Gemütlich sieht es aus, und ich würde vertrauensvoll in ihm Schutz suchen, falls es notwendig wäre. Eine liebenswürdige ältere Frau öffnet mir die Tür. Die Idylle wird in dem Moment gestört, als ein roter Cockerspaniel an ihr vorbeischießt und sich wie ein Wahnsinniger darüber erregt, dass ich hier eindringen will.

Er rollt mit den Augen, springt vor und zurück (Gott sei Dank auch zurück, das gibt Hoffnung), bellt und schnauft in größter Wut, und zum ersten Mal erahne ich, was mit dem seltsamen Begriff »Cocker-Wut« gemeint sein könnte, obwohl ich schon einige Cocker kennenlernen durfte, die bissen wie die Teufel.

Dieser hier nimmt es jedoch ganz besonders genau, und ich lasse, wie immer in einem solchen Fall, meine Stiefel an, um bei einem eventuellen Angriff eine feste Schuhsohle in petto zu haben.

Ich gehe an dem rasenden Cocker vorbei in die Wohnung, ohne ihn anzusehen, und verlasse mich auf mein inneres Warnsystem. Ihn anzuschauen würde mir nicht unbedingt einen Hinweis darauf geben, ob ich gebissen werde oder nicht. Ich kenne Hunde, die ohne jede Vorwarnung zubeißen wollten, und andere, die zwar mit viel Getöse warnten, jedoch niemals gebissen hätten. Das Schauen hält mich nur vom Spüren ab. Auf mein Gefühl konnte ich mich bisher nämlich immer verlassen.

Neulich stand ich beim Hausbesuch vor einem riesigen Ridgeback, der gerade darüber nachdachte, ob er mich beißen sollte oder nicht. Das Verrückte war, dass ich spürte, dass auch er spürte, dass ich das wusste, und als ich ihm daraufhin selbstbewusst noch einen Schritt entgegentrat, entspannte sich die Situation sofort. Sie hatte sich geklärt.

Der Cockerspaniel Heinrich springt bellend an dem Stuhl hoch, den mir Frau F. anbietet. Sie dagegen spricht sehr leise und nimmt dadurch nicht nur körperlich wenig Raum ein.

Langsam scheint es den Hund aus dem Takt zu bringen, dass ich ihn in keiner Weise beachte. Er zieht sich unter Frauchens Stuhl zurück und grummelt verstimmt.

Frau F. berichtet mir von den letzten Beißvorfällen, die häufig stattfanden, wenn es um Ressourcen ging: Futter, Aufmerksamkeit, bestimmte Plätze. Außerdem maßregelt er Besucher.

»Er stellt sich so lange vor meine Freundinnen hin und bellt, bis sie ihm ein Leckerli holen. Wenn sie das Leckerli aber nicht gleich hergeben, beißt er sie. Wenn sie sich auf das Sofa setzen, springt er hinter sie und drängt sie wieder herunter.«

Tapfere Freundinnen, denke ich bei mir.

»Mein Mann ist vor acht Wochen gestorben«, fügt sie plötzlich überraschend sachlich hinzu. Ich bin betroffen und äußere mein Bedauern.

Sie erzählt von der langen Krankheit ihres Mannes und von der jahrelangen häuslichen Pflege, auf die er angewiesen war. Ich sehe ihr an, dass es mitunter auch erst einmal eine Befreiung sein kann, wenn schreckliche Umstände ein Ende finden. Zur Trauer braucht man Kraft. Sie scheint die ihrige in die letzten Jahre gesteckt zu haben und wirkt wie eine Kerze mit einer winzigen Flamme.

»Mein Mann mochte den Hund nicht so. Er war eifersüchtig, dass ich mich auch ihm widme.«

Ich bin sprachlos. »Aber wenn man viel gibt, braucht man doch dringend auch eine Quelle, aus der man Kraft schöpft. Gut, dass Sie noch Heinrich hier im Haus hatten und nicht nur Ihren kranken Mann«, sage ich schließlich.

Sie blickt mich überrascht an und nickt vorsichtig.

Ich beobachte Heinrich aus den Augenwinkeln sehr genau und hole meine »Paradiesdose« mit gebratener Pute hervor. Vielleicht ist er ja auch bei mir der Meinung, dass ich sie ihm nicht schnell genug gebe.

Ich öffne den Deckel der Dose, und im selben Moment kommt der Putenduft unter dem Stuhl bei Heinrich an. Er reißt die Augen weit auf und schießt hervor. Ich schieße ihm entgegen.

Damit hat er nicht gerechnet. Er schaut mich kurz verdattert an und denkt über seine Lage nach. Ich nutze die Chance, um die Dose auf den Boden zu stellen, und warte.

Er macht einen vorsichtigen Schritt nach vorn und weicht sofort zurück, als ich ihn mit einem Warngeräusch stoppe und ihn streng anblicke.

Er setzt sich.

Ich nehme ein Stück Pute und gehe, ohne mich nach Heinrich umzusehen, von der Dose weg. Dann drehe ich mich um, hocke mich hin und rufe ihn zu mir. Er fragt mit ruckartigen Vor- und Rückwärtsbewegungen noch mehrfach an, ob er jetzt wirklich kommen darf. Ich ermuntere ihn mit weicher (nicht mit hoher!) Stimme, und er schleicht geduckt und in großem Bogen um die Dose herum zu mir.

Wie soll ich der Frau sagen, dass ihr Hund eine Luftnummer ist? Er muss irgendwann einmal durch Zufall entdeckt haben, wie schnell er alles bekommt, wenn er nur zubeißt. Vom Wesen her ist er jedoch sehr unsicher und unterwürfig. Er bräuchte dringend eine souveräne Führung, um sich sicher und gut zu fühlen und um seine mit schlechter Laune vorgetragenen Maßregelungen, die aus den ungeklärten Verhältnissen entstanden sind, zu beenden.

Heinrich leckt mir das Kinn und wedelt mit kleinen, unterwürfigen Schwanzbewegungen. Frau F. hat den Mund geöffnet, streicht mit fahrigen Bewegungen das faltenfreie Tischtuch glatt und stottert: »Aber was haben Sie denn gemacht mit ihm?«

»Ich bin bestimmt aufgetreten und habe ihm eine Grenze gesetzt. Wenn Sie nur ein Drittel so bestimmt auftreten, reicht das aus bei Heinrich«, antworte ich.

Die alte Dame wirkt nicht erfreut, sondern so verunsichert, dass ich einen Moment lang daran zweifle, ob sie zu einem solchen Schritt bereit ist. Frauen, besonders diejenigen ihrer Generation, lernten oft, Pflichten zu erfüllen, Stimmungen auszugleichen, gute Laune zu verbreiten und andere emotional zu versorgen. Sie lernten nicht, etwas zu verlangen, sich dabei gut zu fühlen, Entscheidungen zu treffen oder Wünsche zu äußern.

Dann jedoch kommt mir ein ganz anderer Gedanke. Wann, wenn nicht jetzt, wird sie in ihrem Leben noch einmal die Chance bekommen, sich Neues zu erobern? Warum sollte bei Frau F. die Lebenswende nicht auch ein neuer Anfang sein?

Ich zeige ihr zwei Vokabeln der Hundesprache, das Warnen und das Handeln, und bitte sie, die Übung mit der Dose selbst durchzuführen. Sie blickt angstvoll auf den Hund und ist ganz starr.

»Sie brauchen keine Angst zu haben. Er wird Sie NICHT beißen. Ich verspreche es Ihnen«, sage ich voller Überzeugung.

Sie stellt die Dose vor sich hin und macht, als Heinrich darauf zugeht, eine sehr vorsichtige, ängstliche Handbewegung in seine Richtung. Selbst diese genügt, um Heinrich zurückweichen zu lassen. Ich weiß nicht, wer überraschter aussieht: Heinrich, weil sein Frauchen nicht ausgewichen ist, oder die Frau, weil Heinrich nicht an die Dose geht. Wir machen noch weitere Übungen, und zum Schluss der Stunde liegt Heinrich entspannt auf dem Rücken in einem Hundesofa, das er laut Aussage von Frauchen bisher wacker verweigert hatte, um das Menschensofa zu besetzen.

Ich empfehle Frau F., sich doch einmal zu informieren, ob es einen Seniorensport gibt, der ihr Spaß macht, damit sie eine bessere Körperpräsenz entwickeln kann, und verabschiede mich bis zum nächsten Termin.

»Eine Woche lang war der Geist von Maja hier«, begrüßt sie mich. »Dann ging alles wieder von vorn los.«

»Ich glaube nicht, dass es mein Geist war, sondern eher der Ihrige. Sie scheinen eine Woche lang einiges anders gemacht zu haben, und dann sind Sie sicher wieder in Ihre alten Gewohnheiten verfallen«, antworte ich lachend.

»Vielleicht«, antwortet sie ungläubig. »Auf jeden Fall kann ich in der Küche nicht auf der Bank sitzen. Er lässt mich nicht drauf.«

Heinrich begrüßt mich freudig und respektvoll. Er drückt seinen Körper, zu einem C gebogen, an meine Beine, und sein Schwanz wedelt weich. Mir fiel bereits beim ersten Besuch auf, dass er sehr darauf achtet, Augenkontakt zu vermeiden, und mir läuft ein Schauer über den Rücken, als er mich anblickt. Es geschieht mehr aus Versehen. Ich stehe vor ihm und tue gar nichts. Er schaut eine ganze Weile auf meine Beine, und plötzlich wandert sein Blick zu mir hoch. In seinen Augen liegt etwas zutiefst Verstörtes, Verkniffenes und auf traurige Weise Misstrauisches. Mich trifft sein Blick bis ins Mark, und ich wende mich ihm umso freundlicher und ruhiger zu. Ich habe das Gefühl, dass Heinrich bisher viel in der Menschenwelt zu tun hatte und in SEINER Welt sehr allein war.

»Ich kann nicht auf der Bank in der Küche sitzen«, wiederholt die alte Dame ihre Beschwerde. »Da beißt er mich.«

Wir gehen in die Küche. Sie zeigt auf die Bank. »Sehen Sie, da hat mein Mann immer gesessen, weil man von diesem Platz aus den besseren Ausblick hat. Jetzt wollte ich diesen Ausblick genießen, aber nun sitzt Heinrich dort und beißt mich, wenn ich ihn wegscheuchen will.«

»Chefwechsel«, denke ich, »nur in die falsche Richtung.«

Auch jetzt ist Heinrich auf die Sitzbank gesprungen und blickt Frau F. herausfordernd an. Ich gehe auf ihn zu, setze mich neben ihn, wische ihn mit einer einzigen Hüftbewegung von der Bank. Dann gähne ich demonstrativ, um zu betonen, wie selbstverständlich das für mich ist. Ich fege quasi im Schlaf zehn Hunde von Bänken. Natürlich übertreibe ich, damit die Frau später wenigstens ein Zehntel davon umsetzt, denn tatsächlich braucht es bei Heinrich nur ganz wenig Durchsetzungsvermögen.

Der liegt jetzt unter dem Tisch zu meinen Füßen und hat friedlich den Kopf abgelegt.

Dann setzt sich Frau F. auf die Bank. Sofort springt Heinrich hoch, klettert ihr von hinten auf den Rücken und will sie abdrängen.

»Zack, mit der Hüfte runterschmeißen!«, ermuntere ich sie.

Vorsichtig berührt sie mit der Hüfte den verärgerten Heinrich, der ja alles richtig macht: ER ist ja schließlich der Chef und hat zu entscheiden, wem welche Ressourcen gehören, solange die Frau keine Führungskompetenz nachweist.

»Viel energischer!«, rufe ich bestimmt, denn Heinrich holt gerade knurrend Luft, um zu beißen. »Hej!«, warne ich ihn in strengem Tonfall. Er hört sofort auf und ist verunsichert. »Los, jetzt noch einmal.«

Frau F. drückt ihre Hüfte gegen den Hund, er verliert eher aus Versehen das Gleichgewicht und rutscht von der Bank.

Danach verlässt er sofort die Küche und legt sich in das ehemals ungeliebte Hundesofa.

»Das ist nur, weil Sie hier sind«, sagt die Frau ungläubig.

»Gut, ich gebe zu, dass er Sie gebissen hätte, wenn ich nicht dabei gewesen wäre. Aber das lag nur daran, dass Sie zu zögerlich waren. Wenn Sie bestimmter auftreten, kann Heinrich Ihnen auch glauben, dass Sie eine Idee davon haben, wie man führt.«

Ich setze mich zu Frau F. auf die Bank. »Sie müssen hier vernünftige Regeln aufstellen, die für alle gut sind. Heinrich genießt dadurch den Luxus, keine Entscheidungen mehr treffen zu müssen und eine Struktur vorgegeben zu bekommen. Er darf Sie anhimmeln und ein ruhiges, beschütztes Hundeleben führen. Los, jetzt werfen Sie stattdessen mich mal zackig von der Sitzbank!« Frau F. blickt mich entgeistert an.

»Los, richtig kräftig, ich kann das schon ab!«, ermuntere ich sie.

Unschlüssig verharrt sie einen weiteren Moment. Dann rammt sie mich mit einer schwungvollen Bewegung ihres knochigen Hinterteils tatsächlich kräftig in die Seite. Peng! Selten habe ich mich so gefreut, von einer Bank zu fallen.

Bei unserer Verabschiedung blickt sie mich ernst an und sagt bedeutungsvoll: »Ich gehe jetzt übrigens zu Miss Sporty.«

Auf dem Heimweg begleitet mich die Geschichte von Frau F. Sie erzählte mir bei dem heutigen Besuch von der langen Pflege ihres Mannes, von seinen Schikanen, seinen Beschimpfungen, seiner Undankbarkeit. Und von ihrer Ohnmacht, die sich schlimmer anfühlte als sein Tun. Mich erinnert das an eine Geschichte in dem russischen Dörfchen Lipowka, meiner Wahlheimat nach der Wende:

Baba Mascha (Baba = russische Kurzform von Babuschka),

meine Nachbarin, hatte ein Gesicht wie eine stille, aufgeräumte Stube und brachte mir mitunter Piroggen oder andere Köstlichkeiten. Sie schmeckten wunderbar, aber die warmherzige Güte der Bäuerin war das schmackhafteste Gewürz daran.

Ihr Mann war ein alter Saufkopf und lag auf dem Sofa, während Mascha auf dem Feld schwitzte. Kehrte sie zurück, beschimpfte er sie so lautstark, dass ich es bis zu meinem Haus hören musste. Von der Frau kamen keine Widerworte.

»Los, mach Essen, du Nutzlose«, schrie er betrunken. Von den Leuten aus dem Dorf wusste ich, dass er sich diese Bezeichnung deshalb anmaßte, weil die Bäuerin keine eigenen Kinder bekommen konnte. Sie hatte seine sieben Kinder großgezogen, nachdem er Witwer geworden war. Dennoch piesackte er sie ständig mit dem Vorwurf, keine nützliche russische Frau zu sein.

Die Kartoffelernte rückte näher. Traktoren, Erntemaschinen und anderes Gerät rosteten seit der Auflösung der Kolchose auf einem Platz im Wald vor sich hin. Man rutschte also auf den Knien die fußballfeldgroßen Bahnen entlang, buddelte die Kartoffeln mit den Händen aus der trockenen, harten Erde, warf sie in einen großen Weidenkorb und schleppte diesen auf dem Rücken zum weit entfernten Haus, um die Kartoffeln in den Keller zu leeren. Eine schweißtreibende Arbeit.

Mascha muss ihren ganzen Mut zusammengenommen haben, als sie mir gegenüber einmal erwähnte, dass sie große Angst davor habe, die Ernte allein nicht zu schaffen. Ihr Mann hatte bereits verkündet, dass er die Couch dieses Jahr auch dazu nicht verlassen würde.

Ich bot meine Hilfe an.

Am ersten Erntetag kam Baba Mascha in einem schwarzen langen Rock auf das Feld. Wenn sie sich auf den Boden kniete, musste sie jedes Mal den Rock nach hinten schlagen, damit er ihr nicht im Wege war. Ich bemerkte ihren Blick auf meine Hosen.

Die Stimmung lockerte sich, wir buddelten im Takt der Zigeunermusik, die aus meinem Rekorder kam. Obwohl uns bald große Bremsen in den Rücken bissen und winzige Fliegen sich in Augen- und Mundwinkel hefteten, lockerte sich die Stimmung, während wir schwatzend buddelten.

In der Mittagsglut gingen wir hinein, um etwas zu essen. Der Bauer hob seinen Kopf vom Sofa und schrie mit wirr abstehenden Haaren: »Weiber. Los, ich hab Hunger.« Mascha wusch sich die Hände, nahm einen Teller und füllte ihn mit Suppe. Er löffelte diese missmutig in sich hinein und schlürfte verächtlich. Ich spürte jedoch, dass Mascha ihn noch viel mehr verachtete. Mit einer stillen Würde, die ihm vollkommen entging.

Am nächsten Tag sah ich bereits in der Ferne Maschas schlanke Gestalt in hellen, weiten Leinenhosen und einer braunen Bluse auf dem Feld. Sie wirkte viel jünger in diesem Aufzug und sagte, meinen Blick bemerkend, verlegen: »Ist praktischer.«

Wir rutschten nebeneinander über den Boden und unterhielten uns über unser Leben. Für Mascha war es ungewöhnlich, dass ich mein Leben zu dieser Zeit ohne Mann meisterte.

»Aber du meisterst es doch auch ohne deinen Mann«, sagte ich vorsichtig, und Mascha blickte mich verblüfft an.

In der Mittagspause gingen wir hinein, und sie tischte dem schreienden Bauern das Essen auf.

Am dritten und letzten Erntetag kam Mascha über das Feld zu mir und sagte: »Du, wir schaffen es tatsächlich ganz allein.« An ihrem Gesichtsausdruck und Tonfall merkte ich, dass sie nicht daran geglaubt hatte, die Ernte ohne männliche Hilfe einzubringen. Es war das erste Mal, dass ihr Mann seine Sauferei auch dazu nicht unterbrochen hatte.

In der Mittagspause gingen wir hinein. Der Bauer verlangte laut nach seinem Essen. Sie zögerte einen Moment. Dann drehte sie sich ruhig zu ihm um und sagte: »Du wartest. Ich habe zu tun.«

Der Bauer starrte sie mit offenem Mund an, wollte losschreien, bemerkte wohl aber trotz seiner Trunkenheit die starke, ruhige Energie, die von seiner Frau ausging, und ließ sich zurück auf die Couch fallen. Der Stolz auf das Erreichte wirkte wie ein stilles Glühen an ihr.

Sie kletterte in den Keller, kam mit einem Stück Speck zurück, packte es sorgsam ein und legte es vor mich hin. Dann bereitete sie in Ruhe das Essen zu. Der Bauer beobachtete sie mit glasigen Augen und sagte keinen Ton. Auch ich war verblüfft über diese Wendung, bei der das Überraschendste noch kam. Mascha stellte den gefüllten Teller vor ihn hin. »Bitte.«

Der Bauer setzte sich auf, und seinem Mund entfuhr verlegen ein Wort, das ich noch nie von ihm gehört hatte: »Danke.«

Die Hoffnung, diese Steigerung des Selbstvertrauens nun vielleicht auch bei einer deutschen Großmutter zu erleben, lässt die vierzehntägigen Treffen mit Heinrichs Frauchen zu einem besonderen Ereignis werden. Tatsächlich geht es in kleinen Schritten vorwärts.

Allerdings nur mit Frau F., nicht mit Heinrich. Frau F. geht jetzt regelmäßig zum Sport, hat dort neue Kontakte geknüpft und macht sich in einem Kurs internetkundig, um meine Website zu studieren, wie sie sagt. Führungsenergie entwickelt sie nach wie vor nicht, weil ihr die Einsicht fehlt, dass es an ihr ist, etwas zu ändern, und nicht an Heinrich.

Ihr anfängliches Interesse hat einem Beschwerdeton Platz gemacht. So erklärt sie zum Beispiel empört, dass Heinrich beißt, wenn sie ihm nach einem Winterspaziergang die Pfoten putzt. Ich lasse es mir vormachen.

Sie packt eine Pfote des Hundes, rubbelt grob und lange daran und sagt in einem unfreundlichen Ton, den ich noch gar nicht von ihr kenne: »Das muss sein, jetzt hab dich nicht so. Du bist bekloppt.« Heinrich schnappt wild um sich und versucht zu entkommen.

»Aber Frau F., wie würde es Ihnen gefallen, wenn man Sie so grob behandelt?«

Sie sieht mich ratlos an. Und ich bemerke, dass sie nicht versteht, was ich damit meine.

Mit Schrecken erkenne ich, dass sie offenbar gar nichts anderes kennt als eine solche Behandlung. Ich nehme ihr das Handtuch aus der Hand und sage freundlich: »Wir machen es einfach einmal anders, in Ordnung?«

Ich hocke mich hin und rufe Heinrich. Er kommt wedelnd

auf mich zu. »Und Platz«, sage ich fröhlich, als ob eine besonders lustige Aufgabe bevorstünde.

Heinrich schießt in die gewünschte Position.

Ich streichle ihn und drehe ihn dabei spielerisch auf die Seite. Sofort bietet er auch seine Bauchseite an. Ich nehme das Handtuch und rubbele ganz sanft seinen Bauch. Heinrich schmatzt. Nebenbei wische ich die Pfoten ab, kehre aber immer wieder zu Bauch und Brustkorb zurück. Heinrich findet diese neue Wellnessbehandlung so wunderbar, dass er die Augen schließt und grunzt.

»Machen Sie es doch einfach so«, schlage ich vor. »Dann hat auch Heinrich etwas davon, und Sie behalten einen sauberen Teppich.«

Ich spüre Widerstand im Blick von Frau F. »Er soll sich nicht so haben«, würde ich ihn deuten. Mir wird langsam klar, dass nicht nur der fehlende Führungswille der Frau unser Problem ist, sondern ihr hartnäckiges Festhalten daran, dass Heinrich sich ändern soll und nicht sie. Ein weiteres Problem zeigt sich gleich darauf.

Wir gehen auf dem langen Gartenweg nach vorn, und Frau F. soll dafür sorgen, dass Heinrich nicht wie ein Berserker zum Tor stürzt, um alle eventuell vorhandenen Passanten und Hunde zu vertreiben. Ihre Bewegungseinschränkung ist nach wie vor so lasch, dass Heinrich sie inzwischen gar nicht mehr wahrnimmt.

»Frau F., wenn Sie so machen«, ich imitiere ihre kraftlos wedelnde Hand, »kann Heinrich nicht glauben, dass Sie es ernst meinen und sich tatsächlich um jede Lage kümmern werden. Sie müssen das endlich energischer tun. So etwa.«

Ich gehe bestimmt auf sie zu und schubse sie leicht. Offenbar kommt das so überraschend für die Frau, dass sie das Gleichgewicht verliert und in die angrenzende Hecke fällt. Erschrocken bücke ich mich und strecke ihr meine Hand entgegen. Frau F. kommt mit strahlendem Gesicht heraus und sagt: »Nein, Maja, immer wenn Sie da sind, passiert etwas Spannendes. Da habe ich wieder etwas zum Erzählen für mein Kaffeekränzchen.«

In diesem Moment wird mir klar, dass Frau F. inzwischen noch einen weiteren Grund hat, mich zu buchen. Ich bin eine gute Unterhalterin. Ich habe zwar nichts dagegen, wenn sich jemand durch mich gut unterhalten fühlt, aber dem wütenden Heinrich hilft das nicht im Geringsten. Ich stelle zum ersten Mal ein Ultimatum.

»Frau F., Ihre Hausaufgabe bis zum nächsten Mal besteht darin, dass Heinrich hinter Ihnen bleibt, wenn Sie mir die Tür öffnen. Ich habe Ihnen das jetzt oft gezeigt, und es sollte nun klappen. Wenn Sie unser Training nicht weiterführen, kann sich nichts ändern.«

»Ja, das mache ich«, sagt sie wie immer sofort und hat es wie immer vergessen, als ich wiederkomme.

Heinrich rast kläffend zum Gartentor, und Frau F. erwartet mich strahlend in der Haustür. Sofort zählt sie mir auf, was Heinrich alles falsch gemacht hat in den letzten Tagen.

»Sie machen doch nichts, um das zu ändern«, erwidere ich.

Sie deutet auf Heinrich. »Nein, er muss sich ändern.«

»Warum? Er macht alles richtig«, sage ich verstimmt.

»Er maßregelt Sie, weil er führen MUSS, es aber gar nicht WILL.«

Sie lacht verlegen und schließt die Haustür ab, um mit mir spazieren zu gehen. Dabei drückt sie mir die Leine in die Hand.

Mir wird plötzlich klar, dass Frau F. niemals selbst führen wird, solange ich dies brav alle 14 Tage tue. Das ist eine sehr einfache und überfällige Erkenntnis. Es ändert nichts an meiner Sympathie für die Frau, nur an meiner Einstellung unserer Arbeit gegenüber.

»Frau F., solange Sie keine Führung für Heinrich übernehmen möchten, kann ich Ihnen keine Führung beibringen. Es hilft niemandem, wenn ich alle 14 Tage komme, Sie mir sagen, was Heinrich falsch macht, ich Ihnen zeige, wie toll Ihr Hund ist, und dann wieder gehe. Wenn Sie sich wirklich innerlich entschließen, auch Ihr Verhalten zu ändern, dann bin ich sofort wieder da. Jetzt aber gehe ich, bis Sie das für sich klären konnten.«

Frau F. blickt mich verblüfft an, kommt auf mich zu und fällt mir um den Hals. »Ich melde mich«, sagt sie.

Das Telefon klingelt zwei Monate später.

»Maja, ich kann jetzt dem Heinrich die Pfoten putzen, und er hat es gern«, sagt Frau F. vorsichtig.

»Schön!«, erwidere ich erfreut.

»Ich kann auch auf der Bank sitzen,« fügt sie nicht ohne Stolz hinzu.

»Super. Ich gratuliere!«, sage ich.

»Draußen kann ich es noch nicht so gut. Aber ich könnte es mit Ihrer Hilfe lernen«, wagt sie sich vor.

Ich traue meinen Ohren kaum, denn ich höre nur »Ichs« und keine Klagen über Heinrich.

»Ich bin sehr stolz auf Sie«, sage ich zu der Frau, die älter als meine Mutter ist.

Das fühlt sich seltsam an, aber richtig.

Kreise

Ein Ehepaar, das zu meinem Vortrag erscheint, wirkt sehr abwartend und misstrauisch. Ich spüre eine unsichtbare Wand zwischen dem Paar und mir. Ich bin daher sehr erfreut, als die beiden am Ende des Vortrages warten, um einen Termin für ihren Hund Max mit mir zu vereinbaren.

Sie erzählen mir, dass sie ihn aus dem Tierheim geholt haben und, um etwas zu unternehmen, mit ihm zum Hundesportverein gegangen sind. Der ganze Verein bestand aus selbsternannten Hundeflüsterern, die alle einen guten Rat für das Paar wussten.

Im Prinzip muss man dazu nicht extra in einen Hundesportverein gehen, auch ein Treffen mit anderen Hundehaltern auf dem Spaziergang reicht aus, um dieselbe Erfahrung zu machen. Sie werden von 100 Menschen, die es gut mit Ihnen meinen, 100 verschiedene Ratschläge erhalten.

Interessant dabei ist, dass oft diejenigen einen Rat wissen, die gar nicht dasselbe Problem haben wie Sie. Selbstverständlich kann Ihnen ein Hundehalter, dessen Hund nicht jagt, einen tollen Tipp geben, wie Sie Ihren Jagdhund vom Jagen abhalten. Bei seinem Hund, der gar keine Anstalten macht zu jagen, funktioniert die Taktik sicher sehr gut. Auch ein Mensch mit einem fröhlichen, selbstbewussten Hund wird Ihnen sicher vieles raten können, wenn Sie selbst einen sehr ängstlichen Hund haben. Treffen Sie wirklich einmal einen Menschen mit demselben Problem, merken Sie das meist daran, dass Sie ein Anteil nehmendes Gegenüber vor sich haben und keine Ratschläge bekommen.

Das Ehepaar ist bereits verwirrt von den vielen Meinungen der Hundesportfreunde.

»Die einen sagen, Max wäre ein Monster, die anderen, er wäre lieb. Wir wissen jetzt gar nicht mehr, was für einen Hund wir haben. Könnten Sie bitte einmal kommen und ihn einschätzen?«

Da Max ihr erster Hund ist, verstehe ich die Verunsicherung. Dennoch bin ich ein wenig irritiert, dass die beiden Menschen gar kein eigenes Gefühl für ihren Hund entwickelt haben.

Als ich vier Wochen später bei dem Ehepaar klingele, ertönt ein tiefes, sattes Bellen. Max ist ein Prachtbursche. Er könnte ein Bardino-American-Bulldogg-Mix sein, groß, muskulös, mit einem imposanten Kopf, einer wunderbaren Fellzeichnung und herrlichen Augen.

Das Eindringen einer fremden Person in sein Territorium macht ihm sehr zu schaffen. Er beginnt sich hysterisch in engen Kreisen zu drehen und hat die Augen dabei weit aufgerissen.

»Das ist ja freundlich von ihm, dass er mich nicht angeht«, sage ich.

Ich habe es gerade ausgesprochen, als Max an mir hochspringt und auf mir aufreitet wie ein Verrückter. Energisch versuche ich, ihn mit einer Hüftbewegung von mir wegzuschubsen, unterbreche diesen Versuch jedoch, weil ich spüre, dass er in seiner Unsicherheit und seinem Überdruck beißen würde, wenn ich damit weitermachte.

Ich bitte den Mann, Max an die Leine zu nehmen.

Dann zeige ich ihm, wie er Max auf einem Platz, in diesem Falle seinem Hundekorb, halten kann, ohne zu sprechen und ohne ihn festzuhalten oder anzubinden. Während wir das üben, erzählen mir beide die Geschichte. Max ist ein anderthalbjähriger Hund aus dem Tierheim, Herkunft unbekannt. In den ersten 14 Tagen lief alles ganz gut, bis auf ein paar Dinge, die Max angefressen hatte, während die Frau und der Mann in der Arbeit waren.

Darauf erhielten sie von einem der Hundesportfreunde einen grandiosen Tipp: »Sperrt ihn am besten in eine Box.« Tatsächlich sperrte das Ehepaar den Hund, um die Wohnungseinrichtung zu schonen, nun täglich für neun Stunden in eine Box, in der er sich nicht einmal drehen konnte.

Nach dem dritten Knastmonat begann der Hund, das Drehen außerhalb der Box nachzuholen. Nun dreht er sich nur noch im Kreis. Sie kennen dieses krankhafte Verhalten von Zootieren. Es fungiert als Druckabbau. Stellen Sie sich einen Fahrradschlauch vor, der so prall ist, dass er platzen würde, wenn man aus dem Ventil nicht ein wenig Luft abließe.

Für Max ist das Drehen inzwischen sowohl zu einem Ventil als auch zu einer Sucht geworden. In seinem Korb kann er beispielsweise nur bleiben, wenn er sich immer wieder dreht. Wenn er es schafft, kurz hinauszugelangen, dreht er schnell eine Runde im Wohnzimmer, um dann wieder in den Korb zu gehen. Er versucht also, dem Verlangten nachzukommen, kann dies aber nur unter bestimmten Bedingungen tun. Um nicht zu explodieren, muss er sich immer wieder bewegen.

Ich arbeitete einmal mit einer kleinen Jagdhündin, die hyperaktiv war. Um an ihrem Platz bleiben zu können, während ihr Halter einen Dummy für sie versteckte, vollführte sie riesige Sprünge nach oben. So blieb sie an ihrem Platz, konnte aber den Druck, den ihr das Stillhalten bereitete, abbauen. Ihr noch sehr junger Halter wollte sie dafür tadeln, was natürlich fatal gewesen wäre – tat dieser Hund doch alles dafür, um das Verlangte zu erfüllen.

Ich frage das Ehepaar nach seinem Tagesablauf. Der Mann muss früh raus und geht nach dem Frühstück um 5.00 Uhr die erste halbstündige Runde mit dem Hund. Um 7.00 Uhr verlässt er das Haus auf dem Weg zur Arbeit. Die Frau geht um 8.00 Uhr noch einmal zehn Minuten mit Max vor die Tür. Weiter traut sie sich nicht, weil sie sich gegenüber dem kräftigen, mitunter aggressiven Rüden hilflos fühlt. Die Frau gibt zu, Angst vor dem Hund zu haben, und hat deshalb noch kein gutes Verhältnis zu ihm aufbauen können. Sie füttert ihn, alle anderen Belange erfüllt ihr Mann. Dieser kommt nach acht, manchmal auch nach neun Stunden von der Arbeit zurück.

»Und dann gehen Sie wieder mit Max raus?«, frage ich eher rhetorisch, meinen Kugelschreiber schwingend.

Erstaunt sieht er mich an. »Nein, ich muss dann ja auch erst einmal ankommen. Ich ruhe mich dann aus, dusche, esse etwas, und dann gehe ich die letzte Runde.«

Ich bin so platt, dass ich nur schlucken kann. Ich vermeide, meine Mitarbeiterin Anja anzusehen, die neben mir sitzt. Sie schluckt sicher ebenso. »Also vergeht dann noch einmal eine Stunde?«, versuche ich sachlich zusammenzufassen.

»Ja sicher«, sagt der Mann.

Man muss dazu noch wissen, dass Max nie frei laufen kann, sondern immer an einer kurzen Leine gehalten wird, weil beide dem Hund nicht trauen.

Ich weise auf Max und sage so ruhig wie möglich: »Sie haben hier, wie Sie am Körperbau Ihres Hundes sehen, einen Leistungssportler. Es ist überhaupt kein Wunder, dass Max den enormen Druck, der sich nun über Monate in ihm aufgebaut hat, nicht abbauen konnte, wenn er als einzige Möglichkeit einen Leinen-Gassigang in der Früh und einen abends hat und tagsüber sich selbst und der Langeweile überlassen ist.

Stellen Sie sich einmal vor, ich würde Sie täglich acht bis neun Stunden in einen leeren Raum ohne Zeitung, Fernseher und Radio sperren. Auch in Ihnen würde sich ein enormer Druck aufbauen, den Sie irgendwann nicht mehr loswürden.«

»Wir wollten ihn am Fahrrad laufen lassen, aber er ist erst eineinhalb Jahre, und die Tierärztin meinte, er solle noch nicht so viel laufen.«

Es ist sehr gut möglich, dass die Tierärztin das vor sechs Monaten gesagt hat. Inzwischen jedoch spricht auch bei dieser Größe nichts gegen eine moderate, gleichmäßige Ausdauerbewegung. Außerdem erstaunt mich, wie genau das Ehepaar es mit der physischen Gesundheit des Hundes nimmt, während sein Seelenzustand die beiden offenbar nur dann berührt, wenn die Wohnungseinrichtung in Gefahr ist oder der Hund durch sein Drehen zu viel Unruhe verbreitet.

Ich muss gestehen, dass ich dieser Aussage deshalb nicht wirklich Glauben schenke, sondern sie für eine Alibibehauptung halte, eine Ausrede dafür, dass man dem Hund keine ausreichende Bewegung schenken kann.

»Außerdem haben wir hier kein Auslaufgebiet«, fügt der Mann hinzu.

Anja schaut ihn erstaunt an und sagt: »Aber hier ist doch Arkenberge um die Ecke.« Tatsächlich ist dieses wunderschöne Hundeauslaufgebiet, in das ich mit meinen Hunden täglich aus einer sehr viel größeren Entfernung fahre, nur zwei Kilometer entfernt.

»Sie fahren ja auch mit dem Auto«, sagt der Mann vorwurfsvoll. »Ich müsste das mit dem Fahrrad fahren.«

»Diese zwei Kilometer Entfernung sind eine wunderbare Distanz für Max, plus Waldspaziergang und Rückweg.«

Der Mann wirkt nicht im Geringsten begeistert, und ich werde langsam sauer.

»Wenn Sie nicht zuallererst eine Auslastung für Max schaffen und eine Möglichkeit für ihn, sich den gewaltigen Druck abzulaufen, den er inzwischen aufgebaut hat, sehe ich keine Möglichkeit, Ihnen bei den Dingen zu helfen, die Sie stören, wie die Leinenführigkeit, das Kreiseziehen und die Besuchersituation. Ich sehe auch keine Möglichkeit für Max, das weiter auszuhalten.«

Während des Gespräches erlöse ich Max bereits vom Still-halten-Müssen, weil es unter den gegebenen Umständen eine Qual für ihn bedeutet. Dafür lernt er nebenbei »Touch«, also auf dieses Signal hin mit der Schnauze eine ihm hinge-haltene Hand zu berühren. Anja und ich wechseln uns da-mit ab, und Max ist mit einem solchen Feuereifer dabei, als ginge es um sein Leben. Er dreht sich dabei nicht ein ein-ziges Mal. Wenn wir die Übung unterbrechen, beginnt er aber sofort wieder damit. Die große Dankbarkeit des Hun-des über diese winzige Lerneinheit springt ihm förmlich aus den Augen und macht mich sehr traurig. Es könnte so ein-fach sein, denke ich.

Ich schlage vor, einen Dogwalker oder einen anderen Men-schen zu finden, der mit Max tagsüber nach Arkenberge fährt.

»Das ist auch eine Kostenfrage«, sagt die Frau.

Ich weise sie nicht darauf hin, dass sie beide arbeiten ge-hen und keine Kinder haben. Ich bleibe nur dabei. »Wenn Sie keine Lösung dieser Art finden, werden sich die Prob-leme weiter massiv verschlimmern, und ich werde Ihnen nicht helfen können.« Ich hinterlasse dem Paar die Telefon-nummern von zwei Dogwalkern und vereinbare einen Tele-fontermin, an dem ich hören will, wie sie sich entschieden haben.

Anja und ich fahren sehr betroffen über das Schicksal die-ses Hundes nach Hause. Wir sind beide der Meinung, dass Max das Pech hatte, in einem für ihn völlig unpassenden Zuhause zu landen. Ich erzähle Anja während der Fahrt von einer Geschichte, die mich an Max erinnert:

Ludmilla ist eine klein geratene Langhaar-Schäferhündin,

deren Schwanzspitze unter ungeklärten Umständen abhandenkam. Sie lebt mit einer Frau zusammen, vor der alle Anwohner meines Kiezes die Flucht ergreifen, wenn ihre roten Haare in der Ferne auftauchen. Man muss sich nicht einmal auf das Leuchten der schrill gefärbten Frisur verlassen, die Frau hat noch ein anderes Frühwarnsystem: »Luuuhuuudmiiilla! Hiiierher! Lass das! Luuhudmilla!!! Nein!« Ihre Stimme ist dabei hoch und der Tonfall scharf.

Gänsehaut bekommt man jedoch, wenn man beobachtet, dass Ludmilla NICHTS tut, was auch nur einen einzigen derartigen Ausruf rechtfertigen könnte. Sie läuft, immer wieder ratlos die Frau anblickend, brav neben ihr.

Stellen Sie sich vor, ein alter gebrechlicher Mensch ginge an einem Krückstock und würde von einem anderen Menschen angeschrien: »Du sollst nicht so rennen! Lass das! Hörst du auf!« Gespenstisch.

Am Arnimplatz bekommt Ludmilla zweimal einen Stock geworfen, dann geht es wieder nach Hause. Die Tagesration ist erfüllt. Mehr als einmal täglich habe ich die Frau noch nie mit Ludmilla draußen gesehen.

Eines Tages musste die Frau für eine Woche verreisen. Sie brachte Ludmilla zu einem Flaschensammler, der jeden Morgen die Container der Hinterhöfe nach Pfandflaschen absucht. An seinem Fahrradlenker ist stets ein frischer Blumentopf, in einer eigens dafür angefertigten Halterung, befestigt. Er ist einer der freundlichsten Menschen, die ich kenne. (Nur meine Hündin Frieda fürchtet den »Fahrradmenschen«, an dessen Fahrrad beutelweise Flaschen klappern. »Na meine Kleine«, ist er stets liebevoll bemüht, Friedas Vertrauen zu wecken. Diese jedoch rast geduckt an ihm vorbei und atmet erst zehn Meter hinter ihm wieder hörbar aus.

Eines Tages beschloss er Frieda zu zeigen, dass er selbst gar nicht klappert, sondern nur das Fahrrad. Er blieb stehen, lehnte das Rad von sich weg an eine Laterne und hockte sich hin. Frieda jedoch schoss mit schreckgeweiteten Pupillen hinter mich, denn in ihren Augen hatte der Flaschenmonstermann nun auch noch seine rollenden Beine amputiert. Das war zu viel für sie. Sie macht jetzt einen noch größeren Bogen um ihn, und er lächelt sie dennoch liebevoll an.)

Ludmilla nun wurde für eine Woche der Hund des Flaschensammlers. Ich sage es gleich vorab: Einen glücklicheren Hund habe ich selten gesehen. Mit leuchtenden Augen lief sie neben ihm. Wenn er in einen Hinterhof ging, setzte sie sich aufmerksam neben sein Fahrrad, und man spürte, dass sie glühte vor Stolz über diese Aufgabe. Sprach man Ludmilla an, während sie neben dem Mann lief, blinzelte sie nicht einmal. Sie hatte nur Augen für ihn, und der frühere Ausdruck der Ratlosigkeit war einem warmen Ausdruck von Liebe gewichen. So verbrachten die beiden eine Woche. Auch der Mann hatte sich verändert. Er hatte seine Kopfhörer abgesetzt, die er sonst, stets Musik hörend, aufhat, und unterhielt sich beim Laufen mit Ludmilla. »Siehst du, da vorn, das ist die Käthe, die sitzt immer auf der Bank. So, jetzt gehe ich in den Hof, und du passt auf das Fahrrad auf. Fein hast du das gemacht. So ein braves Mädchen. Nachher kaufe ich uns etwas zu essen, und dann machen wir es uns gemütlich zu Hause.« Ludmilla blickte ihn bei seinen Monologen aufmerksam an, und man spürte, dass sie die Aufmerksamkeit, die ihr der Mann schenkte, wie ein Schwamm einsaugte.

Dann meldete sich die Frau zurück.

»Luuuhuuudmillla! Lass das! Hierher!«

Ludmilla lief hektisch vor und zurück. Ihre Pupillen waren geweitet, und sie hechelte stark. Das Herz tat einem weh bei diesem Anblick.

Zwei Tage später traf ich den Flaschensammler. Er war bleich und sein Lächeln angestrengt. Ich erkundigte mich nach Ludmilla.

»Sie ist der Frau vorgestern ausgebüxt, nachdem sie von ihr abgeholt worden war, und stand vor meiner Tür. Ich habe sie natürlich hereingelassen, mich gefreut und beschlossen, sie der Frau abzukaufen. Dann kam die Frau und hat das ganze Haus zusammengeschrien. Sie will Ludmilla nicht hergeben, sagt sie. Egal, wie viel Geld ich ihr gebe.« Der Mann ließ die Schultern hängen und sagte: »Dabei hängen wir so aneinander.«

Es gibt kein Gesetz, das Menschen verbietet, einen Hund zwölf Stunden am Tag allein zu lassen. Es gibt kein Gesetz, dass man mit ihm mehr als einmal am Tag rausgehen muss. Es gibt kein Gesetz, dass man ihn nicht anschreien darf. Und es gibt schon gar kein Gesetz, das besagt, dass man an die Bedürfnisse eines abhängigen Wesens zu denken hat. Und dieses nicht missbrauchen darf.

Das Schlimmste daran ist, dass es zu jedem Hund den passenden Menschen geben würde und umgekehrt.

Ich würde tatsächlich gern eine Agentur für Entführungen und Neuvermittlungen gründen. In meiner Fantasie bringe ich dann die Hunde und Menschen zusammen, die sich guttun.

Auch für Max gibt es sicher jemanden, der sehr gern täglich mit ihm durch den Wald laufen würde und ihm mit Freude geben könnte, was er braucht.

Doch wer entführt Max?

Der Angsthase

Die Wohnung strahlt eine creme- und rosafarbene Einsamkeit aus. Diese wird täglich blank geputzt. Fast hofft man irgendwo auf ein Stäubchen, Krümelchen, eine Faser Leben zu treffen.

Ich sah die Frau das erste Mal vor sechs Monaten. Meine Hunde Viktor, Frieda und Tinka waren in den Gärten der Kleingartenanlage Bornholmer e. V. unterwegs.

200 Meter vor uns fährt eine Frau erschrocken zusammen, als sie uns wahrnimmt. Sie blickt auf zwei winzige Chihuahuas zu ihren Füßen, die sofort Alarm schlagen.

Ich rufe: »Keine Angst, alle sind lieb«, hole meine Hunde heran und blicke die Frau freundlich an.

Sie ist wie versteinert.

Ich gebe meinen Hunden zu verstehen, dass sie an ihrem Platz bleiben sollen, und gehe zu der Frau hinüber. Die Augen der kleinen Hunde mit ihren ohnehin beinah herausspringenden Augäpfeln haben vor Angst die Größe von Mokkatassen-Böden angenommen. »Schauen Sie, Sie können gern vorbeigehen. Meine Hunde hören gut und werden nicht zu Ihnen kommen.«

Die Frau blickt skeptisch von ihren zu meinen Hunden und atmet plötzlich hörbar aus. Offenbar hat sie sich zu einem Vertrauensvorschuss entschlossen, der ihr nicht leichtfällt. Sofort hören auch die Chihuahuas auf zu bellen. Sie halten jetzt interessiert ihre Nasen in den Wind, um zu erfahren, wer da vor ihnen steht.

»Die Schwarz-Weiße betreut sogar die Welpengruppe in der Hundeschule«, sage ich und deute auf Frieda. »Sie ist gerade mit den Kleinen ganz vorsichtig.«

»Aber sie ist doch sooo groß«, sagt die Frau erschrocken.

»Und vorsichtig...«, merke ich an.

»Sie haben eine Hundeschule?«, fragt sie schüchtern.

Ich nicke.

»Wissen Sie, eigentlich habe ICH Angst vor Hunden«, sagt sie zögernd.

Ich bin erstaunt über diese Selbsterkenntnis und sage: »Wenn Sie Hilfe brauchen, ich therapiere als psychologische Heilpraktikerin auch Menschen mit Hundephobie.«

»Ja, aber die Hunde haben auch Angst, wenn ein Hund kommt. Die eine beißt dann sogar die andere.«

»Auch da kann ich helfen«, sage ich.

Ich gebe ihr meine Karte. Sie steckt sie ein und lächelt sehr vorsichtig.

Nun, nach sechs Monaten, bin ich in ihrer Wohnung. Sie brauchte offenbar jeden einzelnen Tag davon, um sich ein Herz zu fassen und mich anzurufen.

Die Chihuahuas heißen Juliane und Daphne und tippeln aufgeregt um mich herum. Hier in ihrem geschützten Raum und mit einem fast entspannten Frauchen sind die beiden ganz normale Hundemädchen, die einfach sehr viel kleiner sind als andere. Ihre Knöchelchen sind meerschweinchenhaft zart, sodass ich tatsächlich vor Augen habe, was passieren würde, wenn ein spielfreudiger Labrador sich ausgelassen auf sie würfe. Sie sind lernfreudig und intelligent und bei allen Übungen mit Feuereifer dabei.

Jetzt möchte ich der Frau zeigen, wie in der Hundesprache »Vokabeln« verwendet werden. Ich stelle meine volle Dose mit frisch gebratenen Putenstückchen auf den sauberen Wohnzimmerboden.

Die Chihuahuamädchen stürzen aus drei Meter Entfernung nach vorn. Ich mache »bssst«, um sie auf das Tabu auf der Dose hinzuweisen. Sie halten kurz inne und robben dann langsam auf die köstliche Quelle zu. Dabei haben sie mich gut im Blick. Stellen Sie sich jemanden vor, der an Ihrem Wohnzimmertisch sitzt und ein volles Glas Wasser ganz langsam auf den Tischrand zuschiebt, um interessiert Ihre Reaktion zu studieren. Ungefähr so beobachten mich jetzt die Chihuahuas.

Ich will gerade nach vorn gehen und sie in ihrer Vorwärtsbewegung einschränken, da schießt, wie von einer Kanone abgeschossen, ein riesiger Hase ins Bild. Er rammt die zwei Chihuahuamädchen, stärker als ich es getan hätte, vor die Brust und schnuppert dann an der Pute.

Ich bin über den Supermann-Einsatz des unbekannten Hasen so überrascht, dass ich mit offenem Mund hinter den Hunden herschaue, die unter einem Sessel verschwinden, und dann erst fragen kann: »Wo kommt denn der Hase her?«

»Das ist Arthur«, verkündet die Frau mit zärtlicher Stimme. »Er ist schon neun Jahre alt und unser Großvater.«

Tatsächlich sieht das Fell des Hasen bei näherer Betrachtung vom langen Leben sehr zerzaust aus, und seine Bewegungen wirken jetzt, da er sich langsam und fast verächtlich

von der Pute fortbewegt, sehr arthritisch. Bei seinem Anblick weiß man, woher der Begriff »alter Zausel« kommt.

Mich würdigt er keines Blickes. Die Hunde würdigt er keines Blickes. Er hoppelt steif zu der Frau hinüber und setzt
sich vor ihre Füße.

Ich versuche, die Hundedamen wieder unter dem Sessel
hervorzulocken, aber die Bannkraft des Hasen ist stärker.
»Sie sollten ihn als Leithund nehmen!«, sage ich scherzhaft.

»Das ist er«, antwortet die Frau ganz ernst.

Ich blicke zu dem Hasen, der wie ein General vor der Frau
sitzt und mit keiner Hasenwimper zuckt, und stelle ihn mir
mit Brustgeschirr und Leine auf der Straße vor. Das Be-
ängstigende ist, dass ich es mir bei diesem Hasen vorstellen kann. Er ist sehr groß und hat einen würdevollen, ent-
schlossenen Ausdruck, den ich bei einem Hasen noch nie
gesehen habe.

Am Telefon erzähle ich meiner Mutter in Auszügen davon.
In ihrem wunderbaren Sächsisch sagt sie: »Na so was, da
beschützt also äh Hase 'nen Angsthasen.« Nach dieser fast
indianischen Weisheit beginne ich eine Woche später die
Therapie mit dem Angsthasen.

Die Chihuahuas stellen sich als völlig normale Hunde heraus. Sobald ich mit ihnen laufe, bellen sie nicht und haben
keine Angst vor anderen Hunden. In diesem Fall ist tatsächlich Hilfe für die Frau nötig, damit diese ihre Angst nicht auf
die Tiere überträgt.

Stellen Sie sich vor, Sie hätten eine Freundin, die, bei Ihnen eingehakt, jedes Mal vor Angst erstarrt, wenn ein Mann mit einer schwarzen Tasche auftaucht. Auch Sie würden nach kurzer Zeit beginnen, schreckhaft auf Männer mit schwarzen Taschen zu reagieren. Nichts anderes erleben die Chihuahuas, die einen Menschen mit Hundeangst an ihrer Seite haben, der angstvoll auf jeden fremden Hund reagiert. Ich arbeite jetzt also als psychologische Heilpraktikerin erst einmal allein mit der Frau an ihren Ängsten. Die Hunde brauchen in diesem Falle meine Hilfe nicht.

Die Genauigkeit in Hundeperson

Wäre die weiße Schäferhündin Shiva ein Mensch, würde sie sicher eine ausgezeichnete Buchhalterin oder Steuerberaterin abgeben, sie könnte eben einen Beruf ausüben, bei dem man sehr genau sein muss. Shiva reagiert punktgenau auf ihre Umwelt und wiederholt einmal eingeübte Dinge mit der Zuverlässigkeit einer Funkuhr.

Petra ist das genaue Gegenteil. Sie ist locker, entspannt und Umweltreizen gegenüber neutral, und sie fährt einen mit Blumen bemalten Hippiebus, der vor vielen Jahren einmal neu war.

Sie arbeitet als Sozialpädagogin an einer Schule. Im Erdgeschoss befindet sich »Die Station« für schulbezogene Sozialarbeit – oft ein Brennpunkt sozialer Probleme. Hierher können Kinder, Jugendliche und Eltern mit ihren Sorgen kommen.

Petra rief mich an, weil Shiva jedes Mal, wenn jemand ihr Büro betritt, ein Knurrkonzert gibt, was nicht jeder unterhaltsam findet, da es sehr bedrohlich klingt.

Meine Mitarbeiterin Anja und ich sind einen Moment allein mit Shiva, weil Petra zwei Jugendliche abholt, die bei Shivas Therapie helfen sollen. In dieser Zeit werden wir mit missbilligenden Knurrseufzern beschallt. »Brrrhaaa, brrrhaaa.«

Ich möchte betonen, dass es sich bei Shivas Knurren

nicht um ein aggressives Verhalten, sondern ausschließlich um den Ausdruck von Unsicherheit ohne Aggressionsverhalten handelt. Wir haben zuvor auf dem Hundeplatz mit heftigen Angriffssituationen getestet, ob Shiva nach vorne gehen würde, wenn ihre Angst und der Schreck nur groß genug wären. Das ist nicht der Fall.

Es gibt sicher Menschen, die bereits ein Knurren für eine gefährliche Aggression halten. Diese sollten sich fragen, was es dann bedeutet, wenn wir, durch unsere Autoscheibe schreiend, saftige Beschimpfungen von uns geben, weil andere unserer Meinung nach nicht Auto fahren können. Bedeutet das etwa, dass wir potentielle Mörder sind?

Ein Hund schreit nicht, er knurrt oder bellt. Natürlich heißt das nicht, dass jeder Hund, der knurrt oder bellt, frei von Aggression ist. Das kann man bei Autofahrern auch nicht sagen. Shiva jedoch will sich die von ihr als Bedrohung empfundene Situation einfach vom Leib knurren.

Beim Nachdenken über diesen Fall und meine anfänglichen Bedenken, was Shivas Anwesenheit in der Schule betrifft, erinnere ich mich an ein Projekt in Mecklenburg, das ich ganz am Anfang meiner Trainerzeit für einen Monat begleitete:

Eine Frau, die mit Pferden arbeitet, hatte zwei Hunde aufgenommen, die aus einem *Animal-Hoarding*-Zusammenhang stammen. Diese inzwischen anerkannte Krankheitsform der krankhaften Hortung von Haustieren hatte in diesem Zusammenhang das Ausmaß von 30 Katzen und Hunden in einer Neubauwohnung gehabt. Die zwei geretteten Hunde waren sehr ängstlich, verstört und weigerten sich, eine dunkle Stelle des Stalles zu verlassen, die sie für sich als Versteck gewählt hatten.

Die Frau rief mich an, weil sie Hilfe für diese Hunde brauchte. In meiner dritten Stunde dort hatten wir die Hunde so weit, dass sie uns an der Leine über den Hof folgten. Zur selben Zeit trainierte eine Kollegin der Frau mit Jugendlichen, die aus einem gestörten sozialen Umfeld kamen, und den Pferden.

Einige Jugendliche schauten neugierig zu uns herüber, und einer Intuition folgend fragte ich, ob jemand bei der Therapie der Hunde mithelfen möge. Ich erzählte ihnen, dass beide Hunde bereits schlimme Erfahrungen mit Menschen hatten machen müssen, jetzt Angst hätten und aus dieser Angst heraus auch knurrten, wenn ihnen jemand zu nahe käme.

Während ich das Problem der Hunde beschrieb, sah ich im Gesicht eines Jugendlichen eine erstaunliche Wandlung vor sich gehen. Sein verschlossenes, cooles Gesicht schien wie von einer Berührung erwärmt – es taute auf in einen mitfühlenden Blick. Besonders der schwarze Hund Lucky, der seinen Namen bisher wie zum Hohn auf sein Schicksal trug, zog ihn an. Er und ein zweiter Jugendlicher, beide 14 Jahre alt, erklärten sich bereit, mit den Hunden zu arbeiten.

Der Junge, den ich einmal Johannes nennen möchte, hatte denselben Hintergrund wie die Hunde. Auch er hatte sehr schlechte Erfahrungen mit Menschen (Eltern) gemacht, Gewalt erlebt und danach selbst Gewalt ausgeübt, um ihr nicht mehr ausgesetzt zu sein.

»Wenn ich zuerst angreife, passiert mir vielleicht nichts«

ist auch die Devise von Hunden, die aus Angst nach vorn gehen.

Wir übten den Monat über sehr behutsam, eine Annäherung zwischen Johannes und Lucky zu erreichen, und man spürte den Jungen förmlich wachsen, während der Hund Vertrauen fasste. Es war, als ob Lucky ihm beweisen würde, dass man Ängste überwinden kann und dass Johannes selbst etwas zu geben hatte und nicht nur Opfer war. Die Beziehung zwischen den beiden wurde so eng, dass Johannes täglich auf die Pferdefarm kam, um Zeit mit dem Hund zu verbringen. Seine Eltern erlaubten ihm leider keinen Hund, sonst hätten wir ihm Lucky sehr gern anvertraut. Der andere Jugendliche hatte keine ganz so enge Beziehung zu dem zweiten Hund, schaffte es jedoch auch, sein Vertrauen zu gewinnen.

Mein schönstes Erlebnis hatte ich, als ich überraschend auf der Farm auftauchte, um einen Antrag für das Jugendamt abzugeben. Ich lief am Stall vorbei und hörte Johannes' Stimme, dünn wie die eines kleinen Jungen, sagen: »Was für ein Guter du doch bist. Mein Luckydog.«

Ich muss gestehen, dass ich durch eine Wandritze lugte und schlucken musste, als ich Lucky und Johannes nebeneinander im Heu liegen sah. Der Hund hatte seinen Kopf auf die Oberschenkel des Jungen gelegt, und dieser hatte die Hand auf der Flanke des Tieres. Sie lagen da ganz ruhig, und mir wurde jetzt, in diesem so stillen Moment, das ganze Ausmaß ihrer schlimmen Vergangenheit bewusst, die beide so miteinander verband, dass sie eine gemeinsame Zukunft hatten.

Die ängstlich knurrende Shiva und die Station für soziale Arbeit mit Jugendlichen erscheinen mir bei dieser Erinnerung wie füreinander geschaffen.

Beim ersten Treffen helfen uns Sebastian und Julie, die bisher immer angeknurrt wurden, wenn sie das Büro betreten wollten. Sebastian ist ein laut agierender Junge, der seinen immensen Leib unter einem weiten T-Shirt verbirgt und seinen Kopf unter einer Kapuze. Das Mädchen Julie hat eine herzliche Ausstrahlung.

Ich bringe Shiva die Übung »Touch« bei, bei der sie mit der Schnauze meinen Handrücken berühren soll. Dann lege ich meine Hand über die Hand von Julie, um sie nach jedem »Touch« ein wenig mehr zur Seite zu ziehen, sodass Julies Hand zum Vorschein kommt.

Die meisten Hunde würden nun im Eifer des Gefechts und in ihrer Fressgier automatisch weiter »Touch« machen, oft ohne überhaupt zu bemerken, dass es sich inzwischen um eine andere Hand handelt. Nicht so Shiva, die trotz Fressgier und schnellem Tempo sehr genau darauf achtet, nicht aus Versehen die fremde Hand zu berühren.

Ich versuche einen Trick und lege meine Hand unter die von Julie, sodass ihr Handrücken jetzt oben liegt. Ohne eine Sekunde zu zögern, taucht Shiva unter unseren Händen durch und stupst mich von unten in die Innenfläche meiner Hand.

Petra wiederholt die Übung mit Sebastian und erzielt dasselbe Resultat. Shiva achtet peinlich genau darauf, nur Petras Hand zu berühren. Wie konnten wir nur annehmen, dass der akkuraten Shiva ein Versehen unterläuft? Dennoch können die Jugendlichen durch diese Übung neben Shiva stehen, ohne dass diese auf sie reagiert.

Beim nächsten Mal unterstützen uns Pit und Sarah. Beide sind 15 Jahre alt. Pit ist ein hübscher Junge, dem eine Zahnspange besonderen Charme verleiht. Er wirkt schüchtern, aber auch neugierig und intelligent. Die Kriegsbemalung auf Sarahs Gesicht verbirgt leider dessen Ausdruck. Der jetzige ist fest aufgemalt und fixiert. Sie trägt körperbetonte Kleidung mit rosa Akzenten und wirkt freundlich und unsicher.

Wieder kommt der lange Holzlöffel zum Einsatz, der schon in der Geschichte »Die Tankstelle« eine Rolle spielte. Hier jedoch wird er als Abstandhalter bei einer Kontaktaufnahme verwendet. Wir gehen heute behutsamer vor, um zu erreichen, dass Shiva eine fremde Hand berührt.

Pit hält ihr den Löffel entgegen, an dessen Ende etwas Leberwurst klebt. Shiva begutachtet die Situation, toleriert sie und folgt dem verlockenden Duft der Leberwurst. Bei jedem Angebot eines neuen Leberwursthappens fasst Pit den Löffel etwas kürzer, bis er mit seiner Hand Shivas Schnauze erreicht hat.

Dann hält er nur seine Hand hin und bringt Shiva dazu, »Touch« zu machen. Es klappt sofort. Wir sind platt.

Shiva scheint die schüchterne Art Pits sehr zu mögen und sich bei ihm sicher zu fühlen. Ein Hund spiegelt nicht unser Verhalten, sondern unsere Persönlichkeit wider, weil er auf die Energie reagiert, die wir ausstrahlen. Pit hat offenbar eine Energie, die Shiva angenehm ist.

Das »Herkommen« ist eine weitere Herausforderung für Shiva, die sich grundsätzlich nicht auf fremde Menschen zubewegt. Sarah wurde noch eine halbe Stunde zuvor von ihr angeknurrt. Weil sie etwas unsicherer ist als Pit, zieht Sarah ihre ausgestreckte Hand immer ein kleines Stück zurück, sobald Shivas Nase sich nähert. Dennoch bewegt sich Shiva auf sie zu und lässt sich kurz streicheln. »Sie mag es noch nicht wirklich«, sagt Sarah, die Situation erfassend.

Eine eindrucksvolle Vorstellung von Shivas Genauigkeit ist auch bei der nächsten Übung zu sehen. Petra, Anja, Sarah und Pit setzen sich in einen Kreis und lassen Shiva »Touch« machen. Sie geht tatsächlich von Mensch zu Mensch, und bei Pit angekommen, hebt sie sogar die Pfote zum Pfötchengeben. Pit scheint »Hundeflüsterer«-Qualitäten zu haben, denn zu ihm hat sie das meiste Vertrauen.

Ich ermuntere ihn, die Hand noch einmal hinzuhalten, und tatsächlich gibt Shiva bereitwillig Pfötchen. Von da an stupst sie bei dem Signal »Touch« jedem in der Runde an den Handrücken, nur Pit gibt sie nach jedem Stupsen prompt und zuverlässig auch noch Pfötchen. Man sieht ihr förmlich an, welche Freude es ihr macht, nicht vergessen zu haben: »Das war der Junge, bei dem ›Touch‹ hieß: stupsen UND Pfötchen geben.«

Wir beenden die Stunde mit einer Anschau-Übung. Shiva bellt oft, wenn man sie ansieht. Es ist ihr offenbar sehr unangenehm. Sie soll lernen, dass Anschauen keine Drohgebärde darstellt.

Pit hält Futter in der geschlossenen Faust, und Shiva versucht heranzukommen. Sie knabbert vorsichtig, stupst, pfötelt an der Hand. Die Faust bleibt geschlossen. Irritiert schaut sie ganz kurz zu Pit hinauf, der sofort die Faust öffnet. Tatsächlich schaffen es so alle Anwesenden, einen Blickkontakt zu ihr aufzubauen und Shiva zu zeigen, dass es nicht nur ungefährlich ist, Menschen anzuschauen, sondern dass sie dadurch auch noch zu etwas Gutem kommen kann.

Als wir sie verabschieden, merkt man den Jugendlichen an, dass sie sich nur schwer aus der Situation lösen können. Sie haben das wunderbar gemacht, und wir sind heute viele erste Schritte auf dem Weg zu einer gegenseitigen Annäherung gegangen.

Die unterschiedlichen Charaktere von Petra und Shiva jedoch führen zu einem ganz anderen Problem. Shiva zeigt ein eindeutig territoriales Verhalten, das durch ihre Ängstlichkeit noch verstärkt wird. Sie erträgt es nicht, dass Fremde einfach so den Raum, der ihr Territorium darstellt, betreten.

Während die penible Shiva bereits knurrt, wenn sich von außen jemand der Tür nähert, reagiert die entspannte Petra erst auf ihr Knurren, wenn die Besucher schon im Raum sind und Shivas Knurrmonologe kein Ende nehmen. Die Hündin verfügt über eine Vielzahl an Modulationsvarianten, um Missmut, Unwillen oder Unsicherheit auszudrücken. Shiva gewinnt natürlich den Eindruck, dass das entspannte Frauchen »pennt« und die Gefahr gar nicht bemerkt hat, weil sie ja viel zu spät reagiert. Shiva MUSS also sehr lange knurren, damit ihr Frauchen die Gefahr überhaupt wahrnimmt.

Stellen Sie sich vor, Sie wären ein ganz penibler Mensch,

und ein Chaot in Ihrer Familie schmeißt beim Nachhause-kommen immer seine Sachen in den Flur, weil er sie erst später wegräumen will. Sie werden nicht verstehen können, wieso es ihn nicht im Geringsten stört, dass Sachen herum-liegen. Es wird Sie wahnsinnig machen, dass jemand Ihre Ordnung stört.

Shivas Verhalten ist vergleichbar mit dem eines deutschen Hotelgasts, der um 5.00 Uhr früh ein Handtuch auf eine Liege am Swimmingpool legt, um diese zu besetzen. Auch Shiva besetzt Plätze.

Die Hündin muss nun lernen, lockerer zu werden, wenn sich Petra des jeweiligen »Platzes« annimmt, und Petra muss lernen, genauer zu sein, damit Shiva ihr vertraut. Für beide eine Herausforderung.

Arthur und das einfache Wunder

Es ist später Nachmittag und novemberdunkel. Die Scheibenwischer meines Geländewagens kämpfen gegen den Regen. Meine Mitarbeiterin Anja und ich fahren durch eine schlecht beleuchtete Einfamilienhaus-Siedlung im Randgebiet Berlins.

»Gott sei Dank, dass ich den Hausbesuch nicht alleine mache, sondern nur mitkomme und in deinem Auto sitze«, sagt Anja mit entsetztem Blick auf die gespenstisch wirkenden, dunklen Gassen. Meine Kollegin ist überzeugte Fahrradfahrerin.

Ich nicke zustimmend.

»Du, ich bin ja gespannt«, sage ich im Hinblick auf den Fall, der uns erwartet.

»Ich auch, aber nach dem Telefonat mache ich mir Sorgen, ob wir da eine entscheidende Veränderung erreichen können. Der Mann war so ablehnend und so wütend auf seinen Hund, dass ich fast keine Hoffnung habe«, sagt Anja.

»Aber vielleicht können wir, wenn es wirklich so schlecht läuft für den Hund, zumindest erreichen, dass er ihn abgibt. Das hat er ja selbst vorgeschlagen. Dann bekommt der Hund eine neue Chance. Er ist ja erst anderthalb Jahre alt.«

Meine Kollegin nickt.

Nicht umsonst haben wir beschlossen, zusammen zu

Arthur, dem Ridgeback, zu fahren. In so einem Fall ist es gut, noch eine andere Einschätzung zu hören.

Ein junger Mann öffnet uns die Tür. Würden seine Gesichtszüge nicht etwas arrogant und wie betoniert wirken, könnte man ihn hübsch nennen.

Im Wohnzimmer sitzt eine junge Frau auf dem Sofa und hat ein winziges Baby auf dem Arm. Sie ist betont höflich.

Ich spüre, dass hier nicht viel erwartet wird von uns, auch wenn man uns ja vermutlich aus irgendeiner Erwartung heraus angerufen hat.

»Wie alt ist der Kleine denn?«, frage ich und weise auf den blau angezogenen Säugling.

»Sechs Wochen«, erwidert sie. In der jungen Frau erwacht der Mutterstolz.

»Und da sind Sie schon wieder so schlank?«, sage ich ehrlich verblüfft.

»Ja, den Fehler, viel zu essen, macht man nur beim ersten Kind. Da habe ich 15 Kilo zugenommen. Beim zweiten Kind war ich schlauer.« Sie lacht.

Ich nicke anerkennend.

Der Bann zwischen der jungen Frau und mir scheint fürs Erste gebrochen.

»Wo ist er denn?«, frage ich und lenke das Thema auf den Hund.

Der junge Mann deutet auf die Terrassentür.

Ein Ridgeback drückt seine Schnauze gegen das Glas. Seine für die Rasse ohnehin typisch gefaltete Stirn ähnelt plissiertem Stoff. Das gibt seinem Gesicht einen herzerweichend sorgenvollen Ausdruck.

»Bevor wir ihn hereinlassen, würde ich gern noch einmal von Ihnen eine Zusammenfassung hören, wo Sie mit Arthur stehen«, sage ich, mich an den jungen Mann wendend. Seit wir begonnen haben, über den Hund zu sprechen, macht er ein wütendes Gesicht.

»Also, das ist jetzt die letzte Chance, die wir ihm geben«, stößt er genervt hervor.

»Wie viele Chancen hatte er schon?«, frage ich in sachlichem Ton.

»Genügend«, antwortet er wie aus der Pistole geschossen.

»Ich habe alles probiert, was ich in Hundebüchern finden konnte, wirklich alles. Es hat gar nichts geholfen. Arthur pinkelt, seit er bei uns ist, überall hin. Es ist zum Kotzen. Ich habe die Schnauze echt voll.«

Die junge Frau nickt zustimmend.

»Wann hat das begonnen?«, will ich wissen.

Die beiden blicken sich an.

»Also eigentlich hat es einfach nie aufgehört«, antwortet die Frau zögernd. »Erst war er ein Welpe und noch nicht stubenrein, und dann begann er ohne Übergang, Marken zu setzen.«

»Können Sie sich vorstellen, warum er das tut? Gibt es einen Auslöser dafür, also bestimmte Situationen?«

»Auf jeden Fall tut er es nie, wenn ich mit ihm allein bin oder wenn meine Frau mit ihm allein ist«, erklärt der junge Mann. »Er macht das immer, wenn wir zwei zusammen sind. Und das Schlimmste ist, dass er es heimlich macht.

Man erwischt ihn nie. Er verzieht sich irgendwohin, und dann pinkelt er, um uns eins auszuwischen. Wenn er mit meiner Frau zusammen hier war, pinkelt er in dem Moment, in dem ich nach Hause komme. Auch wenn ich ihn mit zur Arbeit nehme, pinkelt er, sobald meine Frau zu Besuch dazukommt.«

»Wir fühlen uns hier zu Hause wie Gefangene, wenn der Hund drinnen ist«, fügt die Frau hinzu. »Einer muss immer bei ihm bleiben und ihn im Auge haben, sonst ist das Malheur sofort passiert. Oft aber ist mein Mann oben im Haus, und ich bin mit den Kindern unten, und wenn meine Zweijährige aus dem Zimmer geht, kann ich nur hinterher, wenn ich in Kauf nehme, dass der zurückbleibende Arthur einen Bach setzt. Weil das echt nicht mehr geht, auch wegen der Hygiene, musste er jetzt eben in den letzten Wochen im Garten bleiben.«

Ich muss schlucken, denn ein Rhodesian Ridgeback hat ein südafrikanisches Temperaturempfinden, denn dort hat er seinen Ursprung. Wir haben November. Hinzu kommt, dass ein Hund ein Rudeltier ist und kein Einzelgänger, den man vom Rudel wegsperren kann.

Um einen Fall aufzunehmen, ist es wichtig, erst einmal unkommentiert und ohne Wertung alle Fakten und Emotionen aufzunehmen. Deshalb frage ich weiter sachlich: »Wie wird Arthur ausgelastet?«

Die beiden sehen sich an.

Die junge Frau übernimmt es zu antworten.

»Wissen Sie, es macht einfach keinen Spaß, mit dem Hund zu laufen. Er zieht wie ein Ochse und springt von der einen zur anderen Seite. Deshalb gehen wir mit ihm auch nicht gern an der Leine.«

»Und ohne Leine?«, frage ich mit einem Rest Hoffnung.

»Dazu müssten wir von der Siedlung hier weg und mit dem Auto rausfahren«, erklärt der Mann. »Aber er pinkelt sofort ins Auto, wenn man nicht hinsieht. Also geht das auch nicht mehr.«

Beide blicken, wie um einen Schlusspunkt zu setzen, nach unten.

»Er ist also die ganze Zeit über nur im Garten?«, frage ich.

»Und bei mir auf der Arbeit«, fügt der junge Mann hinzu. »Ich arbeite auch draußen. Unser Problem ist jetzt aber, dass er hier zu Hause begonnen hat, in einer so geschickten und hinterhältigen Weise gegen die Terrassentür zu pinkeln, dass alles hereinläuft.« Er springt erregt auf und zeigt auf die Fußbodenleiste unter der Glastür. »Hier sehen Sie, das ist noch nass. Kurz bevor Sie gekommen sind, hat er da eine so große Lache fabriziert.« Er deutet mit seinen Armen einen Kreis von etwa einem Meter Durchmesser an. »Ich schwöre es Ihnen. Der ist echt so hinterhältig, der Hund.«

»Gibt es etwas an Arthur, was Ihnen noch Freude macht?«, frage ich.

Beide sagen zeitgleich sehr bestimmt: »Nein, nichts!«

Ich stelle mir vor, dass jemand mir Nahestehendes gefragt wird, ob es an mir noch irgendetwas gibt, was ihm Freude bereitet. Und die Antwort lautet: »Nein, nichts.«

Ein emotionales Todesurteil.

Der Leidensdruck bei einem Menschen, der diese Aussage trifft, muss sehr groß sein.

Tatsächlich geht es uns in menschlichen Beziehungen ja ähnlich. Wenn zum Beispiel der Partner oder die Partnerin fremdgegangen ist und man davon erfährt, ist das Leid oft so groß, dass man erst einmal nicht mehr wahrnehmen kann, dass der andere ja dennoch auch positive Eigenschaften besitzt. Man ist enttäuscht, frustriert, gekränkt, verletzt.

Auch im Falle des jungen Paares sind offenbar solche Gefühle im Spiel. Dadurch, dass beide dem Hund Hinterhältigkeit und eine böse Absicht unterstellen, weil er immer dann ganz gezielt in ihren Wohnraum uriniert, wenn sie es nicht sehen, sind beide gekränkt und frustriert. Kränkungen wirken ätzender als Urin. Sie vergiften alles.

»Ohne Sie kritisieren zu wollen, einfach nur aus Interesse, möchte ich gern wissen, warum Sie sich nicht schon früher fachliche Hilfe geholt haben«, sage ich.

Der junge Mann wischt diese Frage zuerst unwillig mit einer nach oben geführten Handbewegung zur Seite, dann sagt er: »Weil ich dachte, ich schaffe es selbst. Ich glaube auch ehrlich nicht, dass Sie eine Lösung finden werden.« Er schaut mir offen ins Gesicht. »Oder hatten Sie schon einmal einen so schwierigen Fall?«

Ich lächle nicht, auch wenn mich die Frage kurz amüsiert. Ich werde ihm nicht von anderen, viel schwierigeren Fällen erzählen, denn natürlich stellt der Fall seines Hundes für den jungen Mann den schwierigsten der Welt dar. Er ist immerhin damit verwachsen und versucht schon so lange, ihn zu lösen. Vor allem aber findet er selbst ja keine Ursache für das Verhalten des Hundes.

»Ich bin ganz guter Hoffnung, dass ich auf die Lösung kommen kann, wenn ich Arthur jetzt kennenlerne«, antworte ich und schlage vor, dass Arthur jetzt hereinkommen soll.

Der große Rüde begrüßt uns schwanzwedelnd, und seine tapsigen Pfotenbewegungen, die an einen Welpen erinnern, haben in seiner Größe etwas sehr Skurriles. Er springt wie ein ungelenker Ziegenbock freudig umher. Erschütternd jedoch ist seine knochige, abgemagerte Gestalt.

»Warum ist er denn so dünn?«, fragt Anja entsetzt.

Der junge Mann blickt ungerührt auf den Hund und meint: »Also, ich finde ihn ganz normal.«

»Normal ist etwas anderes«, schalte ich mich ein.

»Dieser Hund hier sieht richtig krank aus«, ergänzt Anja.

Die Frau erzählt etwas von einer Schilddrüsenkrankheit, und ich spüre, dass ich hier erst einmal nicht weiterkomme, da ich gerade nicht mit dem Tierarzt sprechen kann.

Arthur rennt jetzt, jeden Zentimeter der Wohnung abschnüffelnd, umher und wirkt sehr angespannt. Sein Schnüffeln ist kein interessiertes Prüfen der Düfte, die in seiner Abwesenheit dazugekommen sind. Es wirkt wie die verstörte Aufnahme eines Zustandes, über den er die Kontrolle verloren hat, weil er ausgesperrt wurde. Es gleicht eher einer pedantischen Spurensicherung als einem Erkunden. Er beruhigt sich auch nach zehn Minuten nicht, sondern wirkt eher noch angespannter.

»Ich habe Ihre Probleme mit Arthur gehört und wohl auch verstanden. Jetzt möchte ich sehen, wo das Problem für Arthur liegt. Zuerst bitte ich Sie, sich einmal heftig zu umarmen, etwas herumzualbern und Arthur dabei komplett zu ignorieren, auch wenn das für Sie jetzt vielleicht vor uns Fremden etwas komisch ist.«

Der junge Mann reibt peinlich berührt seine Handflächen aneinander. Die Frau ergreift die Initiative und legt das Baby in ein Körbchen, um ihren Mann zu umarmen. Beide balgen scherzhaft und küssen sich.

Arthur steht daneben und schaut nicht einmal hin. Es interessiert ihn nicht die Bohne, was die beiden miteinander tun. Die Interaktionen der beiden lösen den Stress also offenbar nicht bei ihm aus. (Dass er aus einer Stresssituation heraus pinkelt, erscheint mir schon jetzt naheliegend. Aber warum hat er Stress, wenn das Paar zusammen ist?)

Ich bitte den jungen Mann, das Zimmer zu verlassen und dem Hund zu sagen, dass er hierbleiben soll.

»Da bleibste!«, schnauzt er den Hund an und geht aus dem Raum.

Der Hund steht mit gebeugtem Kopf vor der Schwelle und blickt hinter dem Mann her.

Unschlüssig, wie um einen Entschluss zu sammeln, schnüffelt er ein wenig neben sich auf dem Boden, dann geht er langsam dem Mann hinterher.

Dieser kommt zurück und brüllt: »He, dableiben!«

Der Hund duckt den Kopf noch tiefer und zuckt zurück.

Der Mann geht wieder weg.

»Er rennt meinem Mann eigentlich immer hinterher«, sagt die Frau jetzt. »Vielleicht ist er bei ihm ja so anhänglich, weil sie früher mehr zusammen gemacht haben. Ich habe ja noch die Kinder.«

Wieder setzt Arthur vorsichtig die Pfoten über die

Schwelle, um dem Mann zu folgen. Bevor er erneut ange-schnauzt wird, beende ich die Demonstration.

Nachdem ich dem Paar meine Vorgehensweise und Kom-munikationsform erklärt habe, nehme ich Arthur an eine kurze Schleppleine und führe ihn an eine beliebig gewählte Stelle im Raum. Mit einer kleinen Bewegung meines Ober-körpers nach vorn (nicht nach unten! Das wäre eine Dro-hung.) gebe ich ihm zu verstehen, dass er dort bleiben soll. Er nimmt sofort Kontakt auf und schaut mich an.

Ich entferne mich zwei Meter und bitte den jungen Mann, den Raum zu verlassen.

Arthur springt auf und will hinterher.

»Sssst«, warne ich und gehe kurz mit den Oberschenkeln in ihn hinein, woraufhin er sofort zurückweicht. Er duckt sich, setzt sich hin, und ich gehe sofort zurück, weil ich spüre, dass er mit Schlimmerem rechnet.

Als nichts folgt, blickt er mich überrascht an.

Plötzlich springt er zur Seite weg, um vielleicht auf die-sem Weg zu dem Mann zu gelangen.

»Sssst«, mache ich sehr bestimmt.

Bereits das reicht aus, um ihn zurückweichen zu lassen.

Sein knochiger Hintern senkt sich auf den Boden ab. Er blickt mich mit einer Verzweiflung an, die ich schon in vie-len Hundeaugen gesehen habe: »Jetzt ganz im Ernst??? Dir kann ich das Leben meiner Familie und mein eigenes anver-trauen??? Du kannst uns wirklich gut beschützen???«

Laien interpretieren diesen fragenden Blick oft als Unver-ständnis des Hundes.

»Oooh, jetzt versteht er nicht mehr, was man von ihm

will, und hat Angst, der Arme!«, lautet zum Beispiel eine häufige Interpretation.

Dass gerade genau das Gegenteil der Fall ist und der Hund, eben *weil* er versteht, dass er die Kontrolle über seine Familie aufgeben soll, ängstlich ist, erschließt sich erst dann, wenn er mir die Führung anvertraut hat und keine Zuständigkeiten mehr zeigt.

Arthur hat diesen Punkt noch nicht erreicht. Im Augenblick erleidet er einen Kontrollverlust. Seine Pupillen sind geweitet, er hechelt stark und versucht den Druck, der in ihm aufsteigt, weil er sein Kontrollverhalten nicht ausüben kann, durch ein Gähnen loszuwerden. Ich nenne dieses Gähnen Schüttelgähnen, weil der Hund sein Maul dann nicht weich und entspannt öffnet, sondern es beim Öffnen ruckartig schüttelt.

Hundebesitzer sind in der Regel sprachlos, wenn sie erleben, dass ihr Hund einen so starken Kontrollverlust erlebt. Ein wenig besser kann man die Situation des Hundes vielleicht nachvollziehen, wenn man sie aus seiner Sicht betrachtet:

Stellen Sie sich vor, eines Abends klingelt es, und ein Schäferhund steht vor der Tür. Er kommt herein und legt sich auf Ihren Wohnzimmerteppich. Er hat ein Schild umhängen, auf dem steht: »Ab heute bin ich der Verwalter Ihres Bankkontos. Sie haben keinen Zugang mehr dazu.«

Ihr bisheriger Eindruck von Schäferhunden war vielleicht, dass sie sehr gut einen Menschen oder eine Sache bewachen können, dass sie treu sind, klug und mutig. Mit der Verwaltung eines Bankkontos werden Sie sie nicht unbedingt in Verbindung gebracht haben.

So ähnlich stelle ich mir nun Hunde vor, die Menschen bisher nicht als Leitwesen wahrnehmen konnten, weil sich jene nicht so benahmen.

Für die meisten Hunde stellen wir Menschen einfach weltweit die komfortabelsten Automaten dar. Unsere Knöpfe funktionieren ganz einfach. Einige davon werden gedrückt, wenn der Hund uns mit bittenden Augen ansieht, uns mit der Schnauze an den Arm stupst, wenn er fiept, bellt oder andere Dinge tut. Prompt liefern wir Aufmerksamkeit, Zuwendung und/oder Futter.

Die Vorstellung vieler Menschen, dass sie ihren Hund führen, weil sie ja diejenigen sind, die ihn füttern, die Tierarztkosten bezahlen und Spaziergänge unternehmen, hält sich wacker, obwohl ihr Hund kommt, wann *er* will, Dinge lässt, wann *er* will, und Dinge tut, die *er* will.

Weiterhin hält sich die Annahme, dass man einen Hund mit »Sitz, Platz, Bleib« führt. Kein Hund rechnet jedoch bei seiner Geburt damit, dass man ihm später befehlen wird, seinen Hintern bewegungslos auf den Boden zu pressen, nur damit er irgendwo bleibt.

Bitte stellen Sie sich kurz vor, wie ein zehnköpfiges Rudel, das, weil Gefahr droht, vom Leithund angehalten wird, plötzlich neben ihm geschlossen »Sitz« macht.

Nur weil wir nicht wissen, wie wir einen Hund ohne Worte an einer Stelle halten können, verwenden wir Methoden, die dem Hund sehr skurril und – wenn es Belohnungen gibt – auch unterhaltsam erscheinen müssen. Sie versagen jedoch regelmäßig, wenn der Hund emotional zu aufgebracht ist, als dass er solcherlei Kunststücke ausüben könnte und wollte.

Auch für Arthur ist es eine Sache des Vertrauens, seine Einschätzung von Menschen jetzt plötzlich zu ändern, weil ein Mensch aufgetaucht ist, der anders agiert als die anderen. Dass Hunde sogar die Einschätzung ihres eigenen Menschen schnell ändern können, ist dem glücklichen Umstand zu danken, dass sie uns jeden Tag absolut echt wahrnehmen und jede Veränderung registrieren und ernst nehmen.

(Wir Menschen leben oft jahrelang nebeneinander her, und uns fällt nicht auf, dass unser Gegenüber sich schon lange verändert hat.)

Arthur wird in dem Maße ruhiger, in dem er mein Verhalten und mein Können überprüft. Je öfter er von seinem Platz aufsteht, umso öfter habe ich Gelegenheit, mich vorzustellen.

»Lieber Arthur, gestatten, ich möchte, dass du jetzt gerade an diesem Platz bleibst. Ich mache dich darauf aufmerksam, dass du gar nicht darüber nachzudenken brauchst, ihn zu verlassen, und warne dich, wenn du Anstalten dazu machst. Verlässt du ihn trotz Warnung, gibt es eine Konsequenz, die du ja bereits von Hunden kennst. Ich schnappe dann kurz (mit zwei Fingern) zu oder nehme dir zackig Raum ab, indem ich dich mit meinem Körper zurück auf den Platz dränge. Das alles tue ich absolut ruhig, weder aggressiv noch hysterisch, aber sehr bestimmt. Ich weiß, was ich tue, und zeige dir, wie ich es tue. Genauso werde ich mich dann bei Situationen verhalten, in denen ich deinen und meinen Hintern retten muss.«

Arthur hat sich abgelegt. Er hechelt nicht mehr, und auch das Gähnen hat aufgehört. Seine Menschen sind aus dem Raum gegangen, doch Arthur hat seine Zuständigkeit für sie an mich abgegeben.

»Sie können zurückkommen«, rufe ich.

Jetzt bitte ich den jungen Mann, meinen Job und damit auch die Führung zu übernehmen.

Er stellt sich vor Arthur hin und reagiert mit einem sehr aggressiven »Scht!!!!!«, als der Hund seinen Platz verlassen will.

Arthur zuckt zusammen und duckt sich.

»Sie können Ihre Warnung viel ruhiger ausdrücken. Ihr Hund ist sehr sensibel und unsicher. Er soll ja Vertrauen zu Ihnen haben und keine Angst.«

Das bisher unbewegte Gesicht des jungen Mannes wird plötzlich rot.

»Ich war aber in den letzten Monaten oft sehr laut zu ihm, weil ich solche Wut hatte.«

»Sie müssen nicht mehr laut sein«, sage ich lächelnd. »Sie müssen Arthur nur davon überzeugen, dass Sie Führungskompetenz besitzen.«

Der junge Mann blickt betroffen auf den Hund und sagt in einem ganz weichen, jungenhaften Ton: »Aber genau davon habe ich geträumt, als ich Arthur zu uns holte. Ich wollte alles ganz leise und eigentlich nur mit Handzeichen machen.«

»Dann hatten Sie einen guten Instinkt dafür, was Hunden guttut«, antworte ich.

Der junge Mann hat tatsächlich Tränen in den Augen.

»Ich denke, hier ist ein riesiges Missverständnis passiert. Sie unterstellen Arthur, dass er Sie mit seinem Pinkeln ärgern will. Ich vermute jedoch, dass Arthur bei übergroßem Stress seinen Druck auf diese Art ablässt.

Sehr deutlich ist ja, dass Arthur bisher versuchte, Sie beide, Sie und Sie«, ich blicke abwechselnd zu der Frau und dem Mann, »zu schützen und zu kontrollieren.

Nun ist Arthur an sich ein eher sanfter und unsicherer Hund, der nicht einmal in einem Hunderudel führen würde, geschweige denn Dinge einschätzen könnte, die in unserer Menschenwelt existieren. Im Prinzip ist er bereits mit dem Schutz einer Person überfordert. Taucht dann jedoch noch die zweite zu schützende Person auf, steigt der Druck in ihm offenbar so immens, dass Arthur ihn in einer Übersprungshandlung wieder ablassen muss, um nicht am Ende zu kollabieren.

Meine Hoffnung ist die: Wenn Sie Arthur seinen Job abnehmen, hat er vielleicht keinen Druck mehr und lässt aus diesem Grund auch keinen Urin mehr ab.«

Das Paar blickt mich ungläubig an.

»Das soll der Grund für sein Gepinkel sein?«, fragt der Mann entgeistert.

»Ich vermute es stark«, erwidere ich.

»Okay.« Der Mann kratzt sich am Kopf.

»Dann hat er es ja gar nicht in böser Absicht getan«, sagt er leise.

»Nein, er war in Not«, stimme ich zu. »Ich könnte mir auch vorstellen, dass er deshalb so dünn ist, weil sein Körper gar nicht so viel fressen konnte, wie er in seiner Anspannung verbrannt hat.«

Stille.

»Sie müssten auch dringend wieder rausgehen mit Arthur. Er hat neben dem Druck der Verantwortung nun auch noch einen hohen körperlichen Druck, weil er sich zu wenig bewegen kann.

Was ich Ihnen vorschlagen möchte, ist, heute noch einmal ganz neu anzufangen. Genau das verlangen Sie von Arthur, und auch Sie müssten das leisten. Arthur hat keine Chance, wenn nicht auch Sie Ihren Blick für ihn ändern.«

Der junge Mann kommt einen Schritt auf mich zu und reicht mir spontan die Hand. Wir schließen einen Vertrag.

Drei Wochen später treffen wir uns im Park Friedrichshain. Eine wichtige Voraussetzung, sich mit Arthur draußen bewegen zu können, ist, dass er nicht mit seiner geballten Körperkraft von 45 Kilo an der Leine zieht und er zuverlässig abrufbar ist, wenn er ohne Leine läuft.

Es regnet wieder, und es ist kühl. Kein schönes Wetter für einen Ridgeback, dessen kurzes Fell sehr empfindlich auf Regen reagiert. Ich kenne viele Ridgebacks, die bei Regen niemals von sich aus hinausgehen würden.

Arthur jedoch springt aus dem Auto in den Park, zeigt sein Ziegenbockhopsen, lacht sich kaputt, beißt in umherliegende Stöcke, schiebt seine Schnauze lustvoll in das herumliegende Laub und rennt dann, die Vorderbeine wie ein Zirkuspferd nach vorn werfend, ein paar Runden.

Anja und ich sehen mit großen Augen, dass in der kurzen Zeit aus Arthurs Knochigkeit eine annehmbare Schlankheit geworden ist. »Er hat ja jetzt eine richtig tolle Figur und sieht sehr gut aus«, sage ich erstaunt.

»Ja, er hat plötzlich zugelegt, seit wir trainieren«, erwidert der junge Mann.

»Und wie steht es mit dem Urinieren?«, sage ich und stelle damit die entscheidende Frage.

»Nichts«, sagt der Mann. »Er hat tatsächlich kein einziges Mal mehr in die Wohnung oder das Auto gemacht, seit wir darauf achten, dass er uns nicht immer hinterherkommt. Ich habe noch nicht ganz verstanden, was, aber definitiv ist etwas passiert.«

Der junge Mann ist offen, freundlich, und ich spüre weder Wut noch Aggression an ihm. Ehrlich gesagt bin auch ich erstaunt, wie schnell wir diese Veränderung erzielen konnten, aber gleich werde ich merken, dass es zum großen Teil daran liegt, dass der junge Mann ein Naturtalent besitzt und in kurzer Zeit etwas von der Führung eines Hundes verstehen lernt.

Arthur darf erst einmal nur mit einer Schleppleine, die hinter ihm herschleift, seinen körperlichen Druck loswerden. Ich werfe beim Laufen einzelne Trockenfutterkugeln, die herrlich den Weg entlangkullern und für Arthur, der ihnen hinterherjagen darf, einen Riesenspaß bedeuten. Hierbei geht es weder um Belohnung noch um Motivation. Es geht nur darum, dem jungen Mann eine artgerechtere Form zu zeigen, einen Hund zu füttern. Meine Hunde erhalten ihr Trockenfutter stets beim Laufen im Wald. Ich werfe es während des Laufens ins Gebüsch, ins hohe Gras, lasse es den Weg entlangkullern. Das ist eine tolle Beschäftigung im Verhältnis dazu, dass ein Hund sonst vier Hapse macht und den Fressnapf geleert hat. Letzteres dauert leider nur wenige Sekunden, und danach wartet wieder Langeweile auf den Hund.

Arthur rennt mit großer Begeisterung hinter den rollenden Kugeln her.

Ein Hund kommt. Arthur will sofort losstürmen. Ich zeige dem jungen Mann, wie er den Hund – wenn es einmal nicht angebracht oder gefährlich für Arthur ist, einfach loszurennen – so lange bei sich halten kann, wie er es möchte.

Ich rufe Arthurs Namen. Er dreht kurz den Kopf. Ich sage: »Scht.«

Arthur hält kurz inne, überprüft die Entfernung zu mir und will Fersengeld geben, weil er mich Zweibeiner zu Recht als langsamer einschätzt als sich selbst.

Ich trete auf die Schleppleine. Arthur sieht sich erstaunt um. Da ich jedoch völlig entspannt dastehe und keine Verbindung mit der Leine zeige, bringt Arthur mich auch nicht in Zusammenhang mit ihr.

Er will noch einmal zu dem fremden Hund rennen. Ich trete wieder auf die Leine und mache »Scht«.

Arthur bleibt stehen. Er hat die neue Fügung, dass er wie von Zauberhand angehalten wird, sobald ein menschliches »Stopp« ertönt, verstanden. (Nehmen Sie die Schleppleine niemals in die Hand, um einen Hund zu stoppen. Jeder Hund ist intelligent genug, dann seine plötzliche Begrenzung mit der Leine in Zusammenhang zu bringen und, sobald er die Leine nicht mehr dran hat, wieder seine Freiheit zu nutzen. Der Hund muss den Eindruck haben, dass er immer anhalten MUSS, wenn SIE ihn stoppen.)

Ich überhole ihn und sage »Okay«, was bedeutet, dass er

weiterlaufen kann. Natürlich will er sofort nach vorn schießen.

»Scht!«

Ich drehe mich sehr flink zu ihm ein und gebe ihm dann einen kurzen Stüber mit meiner Hüfte, weil er dennoch wieder an mir vorbei will.

Arthur taucht um mich herum und versucht, auf der anderen Seite an mir vorbeizukommen. Ich wiederhole das Ganze.

»Scht.« Schnelles Eindrehen, Stüber, Wegdrehen.

Arthur bleibt hinten. Er hat jetzt nicht nur verstanden, dass er hinter mir bleiben soll, sondern auch, dass ich es ernst damit meine.

»Das will ich auch mal machen«, sagt der junge Mann.

Kurze Zeit darauf bekommt er die Gelegenheit dazu, denn ein weiterer Hund kommt uns entgegen. (Es geht hier nicht darum, Arthur grundsätzlich von anderen Hunden fernzuhalten, sondern Arthur auch bei einem derart großen Reiz, wie ihn andere Hunde darstellen, führen zu können, wenn es nötig ist.)

Der junge Mann hat ein gutes Gefühl für Timing. Genau in dem Moment, als Arthur den Hund sieht, macht er »Scht« – was in diesem Falle zwei Bedeutungen hat. Erstens: Ich habe den Hund auch gesehen (eine Information, die besonders bei unsicheren und ängstlichen Hunden sehr wichtig ist und fast immer fehlt). Und zweitens: Ich kümmere mich darum.

Arthur bleibt nach der Erfahrung mit mir gleich bei uns und behält den anderen Hund nur im Auge.

Als wir an jenem vorbei sind, versucht er plötzlich nach hinten wegzurennen. Der Mann ist blitzschnell an der Schleppleine und hält Arthur auf, indem er »Scht« sagt und seinen Fuß auf die Leine stellt. (Bei so einem großen Hund können Sie auch beide Füße nehmen.) Dann springt er zum Hund hin und gibt ihm mit zwei Fingern einen Stüber.

Arthur ist beeindruckt. Sein langsamer Zweibeiner ist wie durch ein Wunder schnell geworden im Handeln. Dem ist also auch zuzutrauen, dass er schwierige Situationen meistert.

Auf unserem weiteren Spaziergang reagiert Arthur sofort, sobald das Stopp-Geräusch ertönt.

Zum Abschluss der Stunde will ich dem jungen Mann zeigen, wie er Arthur beibringen kann, dass er an lockerer Leine laufen soll.

»Aber wir haben jetzt nur noch zehn Minuten Zeit, und das ist unser größtes Problem«, sagt der Mann mit einem verzweifelten Blick auf die Uhr.

»Länger wird es auch nicht dauern«, erwidere ich lachend. »Sie brauchen nur dieselbe Energie einzusetzen wie eben mit der Schleppleine, und Arthur wird sich in derselben Weise verhalten.«

Ich nehme die kurze, anderthalb Meter lange Leine, hake den Karabiner an Arthurs Halsband, befestige das andere Ende an meinem Gürtel, um nicht selbst an der Leine zu ziehen, und gehe los. Arthur will frohgemut an mir vorbei nach vorn laufen. Ich stoppe ihn mit »Scht«, drehe mich, ihn zurückschiebend, ganz kurz zu ihm ein und gehe sofort weiter.

Er versucht noch einmal, seine Nase nach vorn zu schieben. Ich mache sehr leise »Sssssssssssst«. Er hat verstanden, dass der Raum vor mir jetzt tabu ist, und läuft von diesem Moment an hinter mir. Dort darf er den gesamten Radius nutzen. Es stört mich nicht, wenn er die Seiten hinter mir wechselt, weil ich dabei nicht über ihn fallen kann. Nur die Leine soll locker bleiben, und ich möchte nicht von einem Hund gezogen werden. Das ist das alleinige Ziel. Der Hund soll keine Aufgabe bekommen, die er die ganze Zeit über erfüllen muss, wie zum Beispiel »bei Fuß, bei Fuß«. Wenn Sie mit mir spazieren gehen würden, würde ich ja auch nicht von Ihnen verlangen, dass Sie sich fortwährend auf eine Aufgabe konzentrieren – zum Beispiel, mir auf die Stirn zu blicken. Das Prinzip, dem Hund einfach zu zeigen, wo er *nicht* laufen soll, ist nach meiner Beobachtung für den Hund einfacher und schneller zu verstehen und zu meistern.

Ich drehe mich um und gebe dem Mann die Leine zum eigenen Versuch in die Hand. Er ist ganz blass und sagt fassungslos: »So einfach ist das. Das ist ein Wunder.«

Er wiederholt in perfekter Handhabung, was er gesehen hat. Arthur geht nach dem zweiten »Stopp« nicht mehr nach vorn, und beide laufen mit durchhängender Leine und in entspannter Körperhaltung.

Als sich auch nach mehreren Minuten daran nichts ändert, bleibt der junge Mann stehen, sieht mich an und sagt noch einmal verblüfft: »So einfach ist das. Ein Wunder.«

Ich lache und sage: »Sie haben das Wichtigste über die Führung eines Hundes verstanden. Nämlich dass sie niemals über kompliziertes Denken funktioniert, sondern nur über einen einfachen Instinkt. Wenn Sie so wollen, ist die

Wirkung des Einfachen für uns Menschen fast immer wie ein Wunder.«

Arthur lebt wieder bei seiner Familie im Haus. Der junge Mann rief mich zwei Monate später an und sagte: »Ich bin Ihnen echt dankbar. Die Wut auf den Hund hat mich ganz krank gemacht. Nicht nur Arthur scheint jetzt gesund, sondern auch ich kann wieder so sein, wie ich bin. Ruhig und leise.«

Anna und der böse Wolf

Der böse Wolf kommt ohne Vorwarnung.

Er schießt um eine Häuserecke auf Anna zu, die auf dem Gehweg mit einem Frisbee spielt.

Er bellt bedrohlich.

Das Mädchen kann nicht wissen, dass Wölfe nicht bellen und zudem nicht böse sind. Es rettet sein Frisbee und läuft davon.

Der böse Wolf springt schnappend neben ihm her.

Anna schreit.

Niemand hört es.

Angst fährt heiß durch ihren Körper. Das Mädchen rennt um sein Leben.

Erst als es sein Spielzeug verliert, lässt der böse Wolf von ihm ab.

Anna flüchtet hinter den Zaun des elterlichen Gartens und schreit sich den Schreck aus dem Leib. Dennoch bleibt davon so viel zurück, dass nun die Welt voll von bösen Wölfen ist, wo vorher nur Hunde waren. Das Mädchen hat seine Freiheit eingebüßt und sein Vertrauen. Anna geht nur noch an der Hand der Mutter auf die Straße.

Dieselbe Szene aus der Sicht des bösen Wolfes:

Ich bin ein putzmunterer junger Schäferhund, hellwach und unterfordert.

Ich liege gelangweilt auf dem Fußabtreter meines Hauses. Plötzlich ein wunderbares Geräusch. Etwas schlurrt über den Boden. Ich weiß sofort, dass sich da etwas sehr schnell bewegt. Das ist wunderbar. Ich liebe schnelle Dinge. Zack, renne ich um die Ecke.

Tatsache. Ein rundes Ding wackelt torkelnd durch die Luft, stürzt ab, landet auf dem Boden und rollt vorwärts. In mir starten alle Zündungen. Ich jage los.

Ein kleines Mädchen schnappt mir das wundervolle Ding vor der Nase weg.

»Wuuhwuuuwuuh!«, schnauze ich empört. Bei meinem Menschen klappt das sofort. Ich schnauze, er wirft.

Das Mädchen jedoch presst die Beute noch fester an sich und rennt weg.

Das ist sonst in dem Spiel nicht vorgesehen. Ich muss ihm das dringend mitteilen.

»Wuhuwuuu!« Ich renne neben ihm her und versuche, das runde Ding zu schnappen.

Tatsächlich lässt das Mädchen es fallen. »Brrrrrr.« Schüttel, schüttel. Herrlich!

Aus irgendeinem Grund versteckt sich das Mädchen hinter einem Zaun.

Es schreit.

Schade, wer soll denn jetzt das runde Ding werfen?

Ich fahre zum Hausbesuch in die Wohnsiedlung, in der die sechsjährige Anna lebt. In meinem Auto habe ich drei Wölfe, die in den Augen des Mädchens wieder zu netten Hunden werden sollen.

Ich habe ihr vorher eine E-Mail geschickt mit Fotos und

einem Video von Tinka, Viktor und Frieda, damit sie ihr nicht so fremd erscheinen.

Anna steht hinter dem Gartenzaun und winkt. Sie ist ein blondgelocktes Mädchen mit wasserblauen, großen Augen und einem wachen Ausdruck im Gesicht. Sie wirkt genauso ängstlich wie erfreut. Durch die Autoscheiben blickt sie auf die Wölfe.

»Welchen findest du denn am sympathischsten?«, frage ich.

Sie zeigt sehr verhalten auf die kleine Tinka.

Wir gehen erst einmal allein in Annas Garten. Ihre Mama serviert Tee, und das Mädchen berichtet mir von dem schlimmen Vorfall. Ich äußere mein Verständnis für seine Angst und meine Hoffnung, dass wir es davon wieder befreien können.

»Schau mal. Ich habe noch jemanden mitgebracht«, sage ich und grabe in meiner Tasche.

Erwartungsvoll weiten sich Annas Augen.

Sie ist erstaunt, als nur ein brauner Samthügel zum Vorschein kommt. Ich habe ihn über meine rechte Hand gezogen. Langsam taucht aus dem Hügel ein kleiner Maulwurf auf. Mit drei Fingern verleihe ich ihm Leben.

»Guten Tag, ich heiße Ludwig«, sagt der Maulwurf.

Anna lacht.

»Oh, wo bin ich denn hier gelandet? Wer bist du denn?«, fragt Ludwig die kleine Anna.

»Anna«, sagt das Mädchen prompt.

»Ahhannnaaa«, singt der Maulwurf. »Ich habe gehört, dass du Angst vor Hunden hast?«

Anna nickt ernst.

»Dann bin ich bei dir genau richtig. Ich bin nämlich Hundedompteur«, behauptet Ludwig.

»Ach«, sagt Anna.

Ludwig nickt heftig mit dem Kopf und wedelt mit den Schaufeln.

»Ich könnte dir zum Beispiel sofort zeigen, wie die kleine Tinka ›Sitz‹ macht, sobald ich eine Schaufel hebe.«

Anna ist interessiert, aber unschlüssig. Sie wägt ab.

»Ich würde Tinka auch an der Leine festhalten«, biete ich an.

»Au ja. Dann zeig, zeig!«, ruft Anna Ludwig zu.

Ich hole Tinka aus dem Wagen und lasse sie hinter mir den Gartenweg entlanglaufen. Schon dieser entspannte Anblick scheint Anna zu beruhigen. Zwei Meter vor dem Mädchen bleibe ich stehen.

Ich halte bedeutungsvoll Ludwig hoch, lasse ihn eine Schaufel heben, und Tinka knallt ihren winzigen Hintern zackig auf den Boden. Anna lacht und klatscht in die Hände.

»Küsschen«, fordert Ludwig nun und bringt seine Maulwurfschnauze auf Tinka-Höhe. Tinka leckt Ludwig begeistert über das Maul.

Anna kreischt auf vor Vergnügen.

»Willst du Ludwig mal nehmen?«, frage ich sie.

Sie zögert keine Sekunde. Ludwig wechselt die Hände.

»Sitz«, sagt er und hebt eine Schaufel.

Peng. Tinkas Hintern dockt auf dem Boden an.

Anna ist begeistert.

»Küsschen!«, ruft sie enthusiastisch und hält Ludwig

knapp über den Boden. Das lässt sich Tinka nicht zweimal sagen. Der erste Schritt ist getan.

Ludwig erfüllt eine wichtige Aufgabe. Er übernimmt das, wovor Anna Angst hat. Und Anna übernimmt Ludwig. Einer der Wölfe ist bereits wieder ein lieber, freundlicher Hund geworden.

»Ich habe jetzt noch eine Idee«, sage ich. »Der schwarze Hund im Auto ist ein hervorragender Schnüffeldetektiv. Der beste, muss man sagen, denn er ist blind und taub und hat nur seine Nase, um etwas zu finden. Auch wenn du jetzt zehneinhalb Leckerchen sehr gut auf der Wiese versteckst, findet er sie alle. Das garantiere ich, wetten?«

Anna öffnet ungläubig den Mund.

Ich zähle die Leckerchen ab, und Anna streckt die Hand danach aus. Besonders das halbe Leckerchen hat sich als wichtig herausgestellt, denn es erhöht die Spannung ungemein. Anna versteckt die Leckerchen auf der Wiese, und ich führe Viktor in den Garten. Auf Viktor ist zu 100 Prozent Verlass, wenn es um das Suchen von Leckerlis geht – samt Nachkontrolle und Nach-Nachkontrolle. Ich fahre ihm sanft mit der Hand von oben über die Schnauze, was »Such« heißt, da ich akustisch nicht mehr mit ihm kommunizieren kann. Er atmet geräuschvoll durch die Nase und nimmt Witterung auf.

Anna beobachtet gespannt das Geschehen.

Tinka auch. Sie muss auf ihren nächsten Einsatz noch warten.

Zack, hat Viktor das erste Leckerli gefunden und kaut zufrieden. Er kommt in Fahrt und beschleunigt seinen Gang.

Schließlich könnten Raben oder fremde Hunde ihm die »Pralinen« auf dieser Überraschungswiese wegschnappen.

Kurze Zeit später hat er acht gefunden.

»Los Viktor! Das schaffst du«, feuert Anna ihn an. Schließlich hat sie die Leckerlis versteckt, und beide bilden dadurch ein Team. »Zehn!«, ruft Anna begeistert.

Jetzt sind alle Augen auf Viktor gerichtet, und wir halten gemeinschaftlich die Luft an, ob er das halbe Leckerchen auch noch findet (natürlich hat niemand verfolgen können, ob es das halbe ist, das noch fehlt, für Viktor ist es einfach das elfte Stück, nur für uns ist es das halbe).

Weil er Höhenunterschiede auf dem Boden ständig einplant, geht Viktor mit staksenden Beinen in einer pfeilgeraden Linie auf das letzte Stück zu. Schnurps. Weg ist es.

»Hurra!«, ruft Anna. Sie läuft dem alten Hundegroßvater hinterher, der währenddessen emsig weitersucht, weil er ja der Einzige ist, der über die Anzahl der Leckerlis nicht informiert wurde. Sie streichelt ihn, und es ist offensichtlich, dass auch der zweite Wolf ein Hund geworden ist.

Jetzt ist die Zeit für Frieda gekommen.

»Du könntest mit der großen Hündin ein paar Kunststücke machen. Traust du dich das?«, frage ich mit Absicht skeptisch.

Bei mutigen Wesen löst Skepsis im Allgemeinen Tatendrang aus. Anna zögert nur einen kleinen Moment. »Die ganz Große?«, fragt sie in Richtung Auto.

»Hast du nur Angst, weil sie groß ist?«, frage ich.

Anna nickt.

»Ist dein Papa größer als deine Mama?«, will ich wissen.

»Ja, viiiel größer.« Anna zeigt mit den Händen hoch über ihren Kopf.

»Und hast du vor dem Papa Angst, nur weil er groß ist?«

Anna schüttelt entrüstet den Kopf.

»Siehst du, und die Frieda ist auch groß, aber so lieb wie der Papa«, verkünde ich.

Anna reißt die Augen auf über diese neue Erkenntnis. »Okay, dann hol sie mal in den Garten, und ich schaue sie mir von Weitem an«, lenkt sie ein.

Frieda wedelt beschwichtigend mit dem Schwanz. Sie weiß noch nicht, was von ihr erwartet wird, und ganz anders als Tinka und Viktor, die sich sofort auf jede neue Situation einstellen können, ist Frieda anfangs vorsichtig und scheu.

Bis man ihr etwas zu tun gibt.

Ich lasse sie sich auf die Seite legen und mit den Pfoten in der Luft tanzen. Das sieht lustig aus, und es rettet Frieda in etwas, was sie gut kann. Danach wird sie sofort sicherer.

Ich werfe Leckerlis genau vor ihrer Nase auf den Boden und erkläre diese mit einem ganz leisen Geräusch zum Tabu. Frieda blinzelt in die Luft. Dann sage ich »Okay«, und sie frisst die Leckerchen begeistert.

»Oh ja, das will ich auch machen«, ruft Anna. Anna lernt, im richtigen Moment »Scht« und »Okay« zu sagen.

»Kann ich mit Frieda an der Leine laufen?«, fragt Anna, den Einsatz erhöhend.

Die Kleine geht ran an den Speck, denke ich.

Anna schnappt sich die Leine, und Frieda läuft mit der ihr eigenen Sanftmut neben ihr her. Ich begleite die beiden, um Anna Sicherheit zu geben, bis diese stehen bleibt, ihre Hand abwehrend ausstreckt und sehr bestimmt sagt: »Ich möchte mal alleine mit Frieda um das Haus gehen. Ohne euch.« Dabei blickt sie mich und die Mutter streng an und verschwindet mit meiner Hündin.

»Sie haben ja eine mutige Tochter«, sage ich.

»Das stimmt, sie weiß, was sie will«, bestätigt die Mutter.

Anna biegt kurz darauf wieder um die Ecke. Bleibt stehen. Sagt: »Sitz«. Stellt mit einem flüchtigen Seitenblick sicher, dass wir auch mitkriegen, wie zackig das läuft, und hockt sich neben Frieda, um sie zu streicheln. Das ruft Tinka auf den Plan. Wo gestreichelt wird, kann Tinka unmöglich fehlen. Sie bettelt, mit ihrem Stummelschwanz wackelnd, auf ihrem Platz.

»Schau mal, die Tinka will auch«, sagt Annas Mutter.

»Dann alle drei«, erwidert das Mädchen. »Gerechtigkeit muss sein.«

Ich leine den immer noch suchenden Viktor an und gebe Anna alle drei Leinen in die Hand. Wir machen ein Foto für den Papa, der erst abends von der Arbeit kommt. Ein stolzes kleines Mädchen mit drei Hunden an der Leine. Ich freue mich sehr daran.

»Können wir jetzt mal auf die Straße gehen?«, fragt Anna und übertrifft damit noch einmal unsere Erwartungen. »Ich möchte die große Frieda nehmen«, sagt sie entschieden.

Wir laufen durch die Siedlung, und Anna hält nach eventuellen Zuschauern Ausschau. Eine Nachbarin tut uns den Gefallen und lehnt etwa 300 Meter entfernt am Gartentor.

»Kann ich jetzt mal joggen mit der Frieda«, fragt Anna mit Blick auf die Frau.

»Ja, gern«, gehe ich auf den Vorschlag ein, von dem ich mir ein kindliches Rennen verspreche.

Tatsächlich jedoch joggt Anna wie eine Große. In langsamem Tempo, mit einem beneidenswert eleganten Laufstil. Tap, tap, tap, tap. Sie bewegt sich locker und lässig den Weg hinunter, mit der ebenso elegant trabenden Frieda an ihrer Seite, an der Nachbarin vorbei und wieder zurück. Ich habe noch nie ein Kind joggen gesehen. Deshalb hat es eine ganz eigene Wirkung auf mich.

Anna strahlt. Wir strahlen.

Ein Hausbesuch, der in mir noch lange nachwirkt und ein wärmendes Gefühl hinterlässt. Die Rückkehr der Unbekümmertheit, das Geschenk der Kindheit, mitzuerleben ist etwas ganz und gar Wunderbares.

Wir treffen uns nach zwei Wochen im Friedrichshain, um einen Spaziergang zwischen vielen freilaufenden Hunden zu wagen. Anna hatte bis heute die Hausaufgabe, zehn fremde Hunde zu streicheln oder ihnen ein Leckerli zu geben, wenn ihre Mama vorher mit dem Hundehalter gesprochen hat und der Hund Kinder mag.

»Zehn und einen Hund, der größer war als ich, der zählt doppelt«, sagt Anna stolz.

»Wir waren mit einer Freundin von Anna unterwegs«, erzählt die Mutter. »Da kam ein Ridgeback an, der ging mir bis unter die Achsel.« Sie zeigt die Höhe mit der Hand. »Annas Freundin bekam große Angst und wollte die Straßenseite wechseln. Da hat Anna gesagt: ›Du brauchst doch keine Angst zu haben, das ist nur ein großer Hund, deshalb muss er nicht böse sein.‹«

Ich lache und gratuliere Anna.

»Machen Sie 's nicht zu doll«, warnt mich die Mutter. »Ich habe Anna danach wie verrückt gelobt und immer wieder gesagt, wie toll das von ihr war und wie mutig. Da hat sie mich irgendwann nachsichtig angesehen und gemeint: ›Aber Mama, nun übertreib mal nicht, es ist doch nur ein Hund.‹«

Hausbesuch bei mir selbst

Viktor, der Sieger

An einem Sommertag im Jahr 2002 besuche ich ein Tierheim, um nach einem neuen hündischen Weggefährten Ausschau zu halten.

Jeder kennt vielleicht die berühmte Liebe auf den ersten Blick, und bei mir fällt dieser auf eine weiße, achtjährige Schäferhündin, die mich wedelnd empfängt und mit schwarzen Augen hypnotisiert. Als ich erfahre, dass sie eine Stunde zuvor von einer Familie adoptiert worden ist, will ich mit hängenden Schultern das Tierheim verlassen. Kein anderes Wesen hat eine Chance gegen die Liebe auf den ersten Blick. Zumindest nicht im selben Augenblick.

»Was für'n Hund sollt's denn sein?«, ruft mir eine Mitarbeiterin des Tierheimes hinterher.

»Ein älterer, wanderfreudiger Hund«, erwidere ich enttäuscht.

Sie sieht mich seltsam an, als sie sagt: »Also einen älteren ham wir noch, aber wanderfreudig und überhaupt alles andere… Ich denke nicht, dass Sie den wollen.« Sie winkt ab und will sich entfernen. Ich glaube, dass es dieses Abwinken ist, das mein Interesse weckt.

Am Zwinger angelangt, weist die Frau auf eine braune Plüschhöhle. »Kiss, kiss, kiss«, sagt sie lockend. »Er wird nich' raus-
kommen, hat Panik vor Menschen, der Kleene. Tut mir leid,
dass ick Sie überhaupt erst auf den Hund aufmerksam jemacht habe. Komm 'se einfach nächste Woche wieder, wir
bekommen ständig auch ältere Hunde.«

Ich starre angestrengt in die Dunkelheit des Höhlen-
loches.

»Darf ich einmal hineingehen?«

»Um Jottes willen«, sie hebt beide Hände. »Sie wollen
nicht hören, wie der Hund schreit, wenn ihm jemand zu
nahe kommt.«

»Aber was ist ihm denn passiert?«

In diesem Moment schaut ein schwarzer Kopf aus der
Plüschhöhle und sieht mich mit aufgerissenen hellbraunen
Augen an.

»Ja, komm mal her«, locke ich mit leiser heller Stimme
und gehe in die Hocke. »Wie heißt er denn?«

»Laut Vorbesitzerin: Pascha«, antwortet die Frau unter
Kopfschütteln.

Der Hund kommt aus der Kiste gekrochen, und was ich
sehe, macht mich sprachlos. Sein Leib erinnert an eine prall
gestopfte Wurst, und sein Kriechgang wirkt äußerst müh-
sam und unkoordiniert. Sein Schwanz wedelt heftig, doch
es ist nicht klar, ob aus Erregung, körperlicher Anstrengung
oder Beschwichtigung.

»Mein Gott, hat der Angst«, kommentiere ich diese Art
der Fortbewegung.

»Det Krabbeln hat mit Angst nischt zu tun. Der kann
nich' loofen. Keene Muskeln, nischt«, berlinert die Frau

und stützt sich auf die Schaufel, mit der sie den Kot aus den Zwingern entfernt hat, bevor sie mich ansprach. »Zehn Jahre uff'm Balkon von 'nem Marzahner Neubau hat der Kleene sein Leben verbracht.«

»Wie, die ganze Zeit? Auch nachts und im Winter?« Meine Augen werden so groß wie die des Hundes, der uns inzwischen fast erreicht hat.

»Jawoll! Die janze Zeit. Man soll's nich glooben. Eine Bekloppte im Rollstuhl hat ihn als Welpen angeschafft. Nach zwee Wochen war ihr der kleene Kerl zu viel mit seinen Ansprüchen, und anstatt ihn gleich zu uns zu bringen, zack ab auf'n Balkon, vergessen und Katzen anjeschafft. 40 Stück warn 's, als die Tierschützer in die Wohnung kamen. In einer Ein-Raum-Neubauwohnung.« Die Frau tippt sich an die Stirn. »Nich zu glooben, auf was für Ideen die Menschen kommen.«

Der Hund hat es bis an die Stäbe geschafft und hechelt stark. Ich halte ihm vorsichtig meine Hand zum Schnuppern durch die Stäbe hin, und er robbt bei dieser Bewegung zurück in Richtung Höhle.

»Warum ist er denn so furchtbar dick?«, erkundige ich mich.

»Na, als er kam, war er fast verhungert, ein Skelett. Und wir waren froh, dass er überhaupt an etwas Freude hat, nämlich am Fressen. Da er nicht laufen kann, hat er in dem einen Jahr hier natürlich zugelegt. Aber sagen Sie selbst, ein zehn Jahre alter Hund, schwer traumatisiert, lahm, nicht vermittelbar – soll man dem die einzige Freude nehmen, damit er schlank ins Grab geht?«

Ich kann diesen Gedanken nachvollziehen. Bei der Fülle

der Tiere gibt es keine Möglichkeit, sich mit angemessenem Zeitaufwand um dieses eine Tier zu kümmern. Darunter hätten wieder andere gelitten. »Der Hund ist vermittelt. Ich nehme ihn«, höre ich mich plötzlich sagen und schaue genauso verdattert wie die Frau.

»Im Ernst? Was wollen Sie denn mit dem machen?«, fragt sie skeptisch.

»Ich kenne mich aus mit Traumata und nehme ihn auf jeden Fall«, sage ich, mutiger werdend.

Die Frau kratzt sich am Kopf. »Na ja, immerhin ist er zu Ihnen gekommen. Dat hat er noch nie jemacht. Vielleicht soll et ja so sein?«

Es soll. Nach einem langen Gespräch mit der Tierheimleitung darf ich den Hund mitnehmen. Ich bekomme die Auflage, mich in drei Tagen zu melden und zu berichten, ob ich den Hund tatsächlich behalten will.

Verliebt in eine weiße, quicklebendige Schäferhündin stehe ich plötzlich da mit einer dicken schwarzen Wurst, die herzerweichend und mit weit aufgerissenen Augen schreit, als sie aus ihrem Zwinger geholt wird. Während des Transportes wird der Hund ruhig – meinem Gefühl nach zu ruhig. Wie ein Autist verbirgt er seinen Blick hinter einer unsichtbaren Wand und atmet so flach und unhörbar wie möglich.

Zu Hause angekommen, trage ich den Hund auf meinen Wohnzimmer-Teppich. Nun, da er in Kontakt mit dem Teppich kommt und die Ruhe in der Wohnung wahrnimmt, beginnt er sich zu wälzen, steigert sich immer mehr in diese Bewegung hinein, schmeißt wollüstig den Kopf hin und her und sieht mich plötzlich breit grinsend an.

In diesem Moment denke ich, der Hund sei verrückt geworden, weil er wie ausgewechselt ist. Ich warte, doch der Hund nimmt weiter sein Teppichbad und schaut mich immer wieder begeistert an. Ich weiß nicht, was mich mehr beunruhigt: sein vorheriges oder sein jetziges Verhalten.

Ich setze mich zu ihm auf den Boden und rolle einen bunten Stoffball in seine Richtung. Er blickt erstaunt auf das kullernde Ding, bis es an seiner Nase liegen bleibt. Er schielt darauf und blickt mich verständnislos an.

Ich begreife, dass er gar nicht weiß, was ein Ball ist und wofür man ihn wunderbarerweise benutzen kann.

Aus einem Impuls heraus oder vielleicht, weil ich diesem fremden Wesen gegenüber verlegen bin, werfe ich den weichen Ball vor mir in die Luft, fange ihn mit spitzen Rufen wieder auf, lasse ihn ein Stück wegrollen, stürze mich wie ein Habicht darauf und benehme mich alles in allem sehr auffällig begeistert und an der Beute interessiert. Dann lasse ich den Ball wieder wie zufällig an dem Hund vorbeirollen, und tatsächlich erhascht er ihn mit den Pfoten, legt seinen Kopf auf den Ball wie auf ein Kissen und blickt mich sehr vergnügt an.

In diesem Moment weiß ich, wie der Hund heißen soll: Viktor. Der Sieger.

Mein Fahrradanhänger wird für die nächste Zeit Viktors Beinersatz. Ich ziehe ihn hinter mir her. Viktor schreit noch immer, wenn Menschen sich zu dicht nähern, doch wir beide haben einen starken Verbündeten gegen die Angst: seinen Appetit.

Mein Plan ist, ihn erst einmal Mut fassen und alles kennenlernen zu lassen. Er soll sich an alle neuen Eindrücke gewöhnen und dann erst abnehmen. Im Moment sind Leckerlis die besten Hilfsmittel der Welt. Ich kenne hier viele Menschen im Kiez, und so bitte ich alle, die uns über den Weg laufen, ein Leckerli in Viktors Wagen zu werfen und dann weiterzulaufen, ohne ihn zu beachten. Einmal treffen wir eine unbekannte Frau, die beim Anblick des »Hunderollstuhls« ausruft: »Ist das der Hund, dem man ein Leckerli reinwerfen soll?« Auch sie tritt in den Club der therapeutischen Assistenten ein.

Ich fahre ohne Viktor zu dem Marzahner Neubau, um mehr über seine Geschichte zu erfahren.

Eine alte Frau aus dem Haus erzählt mir begeistert alles, was sie weiß. »Gewinselt hat er, das war nervtötend, und die Zivis von der Kranken haben die Kacke von dem Hund immer mit dem Fuß auf die Straße gestoßen. Hierhin.« Sie zeigt, noch immer empört, vor den Eingangsbereich des Hauses.

»Natürlich stank das auch im Treppenhaus von den Katzen. Bestialisch, sag ich Ihnen. Was wir für Anzeigen erstattet haben, aber die Bekloppte hat keinen reingelassen, und das Amt hat gesagt, dass sie dann nicht dürfen. Wo gibt's denn so was, zehn Jahre Geheul und Gestank. Erst als die Feuerwehr kam, wurde die Bude geräumt.«

Viktor hat inzwischen schnell gelernt, dass die Menschen ab jetzt wunderbare Dinge bereithalten: Leckerlis, Bewunderung, Denkspiele. Er hört auf zu schreien und beginnt sogar, bei sicheren Vorboten dieser wunderbaren Dinge mit dem

Schwanz zu wedeln. Doch laufen kann er noch immer nicht, und es ist mir ein Rätsel, wie er abnehmen soll, ohne sich zu bewegen, und wie er sich bewegen soll, ohne abzunehmen.

Es ist Sommer – in dieser Jahreszeit bin ich einem Fisch ähnlicher als allem anderen. Nun sitze ich zu Hause auf dem Trockenen oder hocke mit Viktor auf einer Wiese. Ganz kurz denke ich an die weiße Schäferhündin, mit der ich jeden Abend nach der Arbeit zum Plötzensee baden gefahren wäre.

Und genau das ist die Lösung. (Wenn ich eine Indianerin wäre, würde ich glauben, die weiße Schäferhündin sei nur eine Erscheinung gewesen, um uns den Weg zu zeigen.) Im Wasser wiegt man nichts, und durch das Schwimmen werden Muskeln aufgebaut. Also fahre ich mit Viktor zum Plötzensee.

Natürlich will er um nichts in der Welt in diese riesige glitzernde Pfütze, in der die Menschen bis zum Kopf verschwinden. Er hat sich gerade mit Wiesen, verkehrsreichen Straßen, Hunden und anderen Dingen vertraut gemacht und steht (bzw. liegt) nun schon wieder vor einer großen Herausforderung. Ich bitte eine Frau, auf ihn zu achten, und beginne in Ufernähe zu schwimmen. Dabei gebe ich emphatisch begeisterte Laute von mir. Viktor fiept ängstlich, steigert sich in ein Heulen und kriecht dann todesmutig an den Rand des Ufers. Man sieht, wie ihn die Entscheidung förmlich zerreißt. Vorkrabbeln, zurückkrabbeln. Vorkrabbeln, zurückkrabbeln.

Er entscheidet sich für den Weg nach vorn und plumpst in den Plötzensee, der an dieser Stelle gleich einen Meter tief ist. Anfangs strampelt er panisch, doch er beruhigt sich zusehends, als ich ihn immer wieder mit ruhiger Stimme anspreche. Dann entdeckt er, dass es toll ist, mit den Pfoten nicht auf, sondern unter dem Wasser zu paddeln. Ich nutze diese Erkenntnis und schwimme mit ihm ein paar Meter.

Der Plötzensee wird in dieser Zeit unsere zweite Heimat. Der Platz, an den wir fahren, ist eine wilde FKK-Stelle, die schon seit Jahren von denselben friedlichen Menschen genutzt wird. Viktor ist jetzt schon so weit, dass er bei verheißungsvollem Tütenrascheln zu dem jeweiligen Raschler robbt und bettelt. Seine Geschichte ist inzwischen fast allen bekannt, und man hält sich schweren Herzens daran, ihm nichts zu geben.

Der dicke Klaus ist ein vitaler Rentner mit einem beeindruckenden Bauchumfang. Er bringt eines Tages Möhren mit und fragt, ob man nicht wenigstens eine Möhre geben dürfte. Viktor liebt Möhren und ist begeistert. Die anderen Badegäste auch, denn nun kann man den flehenden Blicken des Hundes etwas entgegensetzen. Viktor bekommt jetzt Möhrenstückchen, was seine Kriechgänge ausdehnt und damit seine Bewegung intensiviert. Ich höre in der Ferne Kommentare wie: »Sie haben ihm heute schon eins gegeben, jetzt bin ich dran.«

Der dicke Klaus steht während unseres Schwimmtrainings oft am Ufer und schreit: »Olle Viktor, hau rein, det schaffste!« Er soll recht behalten. Nach ein paar Wochen beginnt Viktor, den Robbengang hinter sich zu lassen und zu laufen – wackelnd, unsicher, aber sichtbar stolz und drängend in jeder neuen Bewegung.

(Da das Folgende wie Hollywood-Kitsch klingt, wollte ich

es erst gar nicht aufschreiben. Aber weil es so schön war, gebe ich es doch wieder:)

Um ihn das letzte Stück allein laufen zu lassen, hebe ich Viktor zum ersten Mal vor der letzten Kurve zur FKK-Stelle aus dem Fahrradanhänger. Als er in Sichtweite kommt, klatschen die Möhrenfütterer begeistert, und Klaus beginnt tatsächlich zu weinen. »Nee, der Kleene.« Und mit einem Blick auf mich sagt er: »Da ham wir was geschafft, was?« Ich gebe ihm recht.

Im folgenden Jahr halbiert Viktor sein Gewicht und erobert sich laufend und rennend die Welt. Er lernt, Frisbees zu fangen, und wird zu Oliver Kahn. Die Terrassentür meines Zimmers ist sein Tor. Er bewacht es gründlich vor einem weichen Knautschball. Sein Selbstbewusstsein wächst in dem Maße, in dem er einen Ball fängt, ein neues Denkspiel beherrscht, einen neuen Trick erlernt oder ein neues Herz erobert. Aus dem schreienden Hund ist ein Charmeur geworden, der geöffnete Ladentüren gut zu nutzen weiß.

Um die Ecke ist eine Apotheke, zu der Viktor stets vorauseilt. Wenn er aus meinem Blick verschwindet, höre ich die Glocke der Tür, die sich durch eine Lichtschranke öffnet, und den begeisterten Ruf der jeweiligen Apothekerin: »Ja, Viktor!« Sehr beliebt sind auch »Blume 2000«, ein Reisebüro, ein Schuhladen, der Zeitungsladen und alle Passanten des Kiezes, die Viktor ins Herz geschlossen haben.

Natürlich gibt es noch weitere Phobien zu kurieren. Als er wieder laufen kann, nutzt er dies auch und rennt schon beim Klappen einer Autotür weg. Da Viktor auf einem Bein etwas steifbeinig läuft, lasse ich es röntgen, und man findet eine verkapselte Pistolenkugel. Er verbindet Knallgeräusche also sofort mit panischem Schmerz und ergreift verständlicherweise die Flucht, jetzt, da er endlich flüchten kann.

Ich kann an dieser Stelle nicht verschweigen, dass es auch Ohnmacht bedeutet und Rückschläge, Verzweiflung und Traurigkeit, mit so einem Hund zusammenzuwachsen. Es gibt gute und nicht so gute Tage. Schnelles und langsames Lernen. Stehen bleiben und zu schnell vorankommen. Bei einem Hund mit Angststörungen ist es sicher am schwierigsten, den eigenen Blick zu behalten und die Angstauslöser nicht vorausschauend mit den Augen des Hundes wahrzunehmen. Der Hund kann sich nicht entscheiden, keine Angst mehr zu haben. Man kann ihn durch seine Ängste nur mit einem völlig angstfreien Blick führen. Eine Symbiose ist deshalb äußerst schädlich.

Wichtig ist nach meiner Erfahrung, dem Hund ein gutes Gefühl für sich selbst zu geben und als Mensch ebenfalls bei sich selbst zu bleiben. Viktor vertraut mir nur, wenn ich ihm in allen Signalen übereinstimmend zeige: »Schau, ich habe nicht die geringste Angst, also ist auch für dich alles in Ordnung.« So überwindet er auch die Panik vor Knallern und Schussgeräuschen.

Nachdem Viktors Proportionen wieder sichtbar geworden sind, lässt sich eine Mischung aus Border Collie und Spitz erkennen. Dementsprechend sollen auch Viktors Aufgaben sein.

Nachdem mir die Denkspiele und Tricks auszugehen scheinen, sehe ich auf Arte eine Sendung über Therapiehunde in Frankreich. Viktor scheint alles zu haben, was so ein Hund an Voraussetzungen braucht. Er liebt es inzwischen, Menschen für sich zu erobern, hört gut und hat eine unglaubliche Ausdauer. Eine Voraussetzung jedoch erfüllt er nicht: Er ist kein junger Hund, den man langsam an seine Aufgabe heranführen kann.

Ich melde ihn dennoch zur Aufnahmeprüfung beim Verein Therapiehunde e. V. an, die Besuchshunde aufnehmen und sie Therapiehunde nennen. Der Begriff ist nicht geschützt, und ich möchte an dieser Stelle darauf hinweisen, dass ein Therapiehund im rechtlichen Sinne überhaupt nur einer ist, der mit einer speziellen Ausbildung einen Therapeuten begleitet. Hat der Mensch keine therapeutische Ausbildung, kann der Hund kein Therapiehund sein.

Viktor besteht die Aufnahmeprüfung, die sich aus fortgeschrittenem Grundgehorsam und Schreckübungen zusammensetzt, ohne Fehler, und wir dürfen die nächsten sechs Monate ehrenamtlich in ein Seniorenheim, um Demenzkranke zu besuchen. Ich habe bereits eine Ausbildung zur psychologischen Heilpraktikerin beendet, um therapeutisch tätig zu sein. Nun absolviere ich zwei Fortbildungen über Demenzerkrankung, um mehr über dieses Krankheitsbild zu erfahren, und beginne mit Viktor spezielle Übungen zu erarbeiten.

Wir arbeiten nun seit sechs Jahren jeden Donnerstag im Seniorenheim »Haus am Park« mit Demenzkranken und auf einer integrierten Wachkoma-Station.

Viktor ist inzwischen achtzehnjährig, durch den grauen Star erblindet und völlig taub. Er arbeitet jedoch immer noch mit den zur Familie hinzugekommenen Hündinnen Frieda und Tinka zusammen. Ich beschloss bereits zwei Mal, ihn in Rente zu schicken, damit er sich nicht an Rollstühlen oder anderen Hindernissen verletzt. Seine emotionale Verfassung veränderte sich danach jedoch so drastisch zum Negativen, dass ich ihn jetzt selbst entscheiden lassen möchte, wann er mit der Arbeit aufhören will. Er hat jede einzelne Übung im Gedächtnis, und ich kann ihm inzwischen mit Körperberührungen dieselben Signale vermitteln wie zuvor mit Sicht- oder Hörzeichen. Er bewegt sich zwar staksend und immer einen Höhenunterschied im Boden erwartend, aber völlig unbeschwert. Er stößt nur selten irgendwo an und benimmt sich höchst kreativ. Er hat durch all die Beschäftigung zuvor gelernt, sich etwas anzueignen und selbstbewusst Entscheidungen zu treffen sowie nach Lösungen zu suchen. Das ist jetzt ein großer Vorteil.

Dennoch bleibt Viktors Geschichte immer spürbar. Nach acht Jahren Zusammenlebens legte er sich zum ersten Mal zum Bauchkraulen auf den Rücken. Ich ging abends an seinem Körbchen vorbei, und er schaute mich mit seinen blinden Augen irgendwie seltsam an. Ich bückte mich, um ihn zu streicheln, er drehte sich auf den Rücken, streckte alle viere von sich und grunzte in tiefen, herzzerreißend langen Tönen. Eine riesige Anspannung bahnte sich ihren Weg aus ihm heraus. So groß meine Freude über dieses Erlebnis war, so sehr hat es mir auch wieder bewusst gemacht, dass ich mit einem Hund lebe, dessen Wesen ich noch immer nicht ganz kenne. Ein Hund, der zehn Jahre Grauen in sich birgt, das nur schrittweise den Ausgang findet.

Doch sein Mut, sein ungeheurer Lebenswille und die Liebe, mit der er nun seit Jahren mir und anderen Freude schenkt, machen ihn zu Viktor, zum Sieger über sein Leben.

Frieda und die Weltordnung

Man ahnt ihren aufmerksamen Blick. Ihre Augen sind, für mich unsichtbar, in zwei schwarz gefüllte Ovale versenkt. Ich vermute, dass sie ebenfalls schwarz sind. Ihr schwarz-weiß geschecktes Gesicht sieht geheimnisvoll aus, wissend und von einer für zwei Hundejahre viel zu alten Traurigkeit geprägt. Ihr abgesenkter, geduckter Körper sagt: »Ich habe Angst!« Trotz ihrer Angst strahlt sie eine große Würde aus. Ich sah in Russland ein wildes Pferd mit einem ebensolchen Ausdruck: scheu und stolz.

Das Foto von Frieda trifft mich durch das All des Internets mitten ins Herz.

In einem Ort bei Düsseldorf betrete ich ein paar Wochen später das Haus des Tierschutzvereins »Tiere in Not Griechenland«. Durch die Milchglasscheibe des Flures sehe ich viele gerade aus Griechenland eingetroffene Hunde. Trotz des dicken trüben Glases erkenne ich Friedas schwarz-weiß geschecktten Kopf sofort. Ich öffne die Tür, und sechs Hunde laufen mir erwartungsvoll entgegen. Frieda bleibt dagegen mit abgesenkter Kopfhaltung stehen und sieht mich nur kurz an. Sie sieht genau aus wie auf den Fotos, nur schöner.

Ich bin sprachlos, so wunderbar finde ich sie. Sie hat ganz helle bernsteinfarbene Augen in zwei schwarzen Gesichtsflecken, und trotz ihrer ängstlichen Angespanntheit ist unübersehbar, wie wach und intelligent sie ist. Sie wirkt paralysiert, und als ich sie sanft streichle, drückt ihr Schwanzwedeln eher eine starke Beschwichtigung, ihr nichts Böses zu tun, als Freude über die Berührung aus. Sie hat ein dickes Eisbärenfell, das vom dichten Unterfell völlig verklebt und zu großen einzelnen Stücken verpappt ist. Besonders an ihren Hinterbeinen wirft sich das Fell fächerartig auf. Frieda ähnelt damit einer Dame mit sehr breiten Hüften und ganz schmalen Schultern. Sie ist stark verschmutzt und hat um den Hals eine gelbe Verfärbung. Sie ist, dank der Tierschützer, gut genährt, besitzt jedoch kaum Muskeln und fühlt sich weich und schlaff an.

Im Auto legt sich Frieda sofort mit dem Rücken zu uns auf die Rückbank. Sie bewegt sich in den folgenden sieben Stunden nicht ein einziges Mal, obwohl sie nicht schläft. Ihre Abgewandtheit demonstriert deutlich den Wunsch, in Ruhe gelassen zu werden. Jedes gute Zureden käme einer Belästigung gleich.

Zuhause erweist sich bereits der Gang in meinen Berliner Hinterhof als Albtraum für Frieda. Sie muss durch drei riesige, quietschende Hoftore und hat Panik vor diesen Ungetümen. Ich habe vorher nie bemerkt, dass die Türen quietschen.

Ich öffne meine Wohnungstür und erwarte, dass Viktor mir freudig entgegenkommt. Schon oft hatten wir Besuch von Hunden. Wenn es Hundedamen sind, werden sie von Viktor höflich begrüßt, bei einem Hundeherren entscheidet die Höflichkeit des ANDEREN darüber, ob er erwünscht ist oder nicht.

Der blinde Viktor steht jetzt jedoch bewegungslos im Flur und hält den Kopf schief. Es sieht aus, als lausche er angespannt. Auch ohne seine Taubheit hätte sein Lauschen nicht viel Zweck, da Frieda im Hausflur nicht ein einziges Geräusch macht und wie angewachsen dasteht. Viktors Nase bleibt völlig unbewegt. Er unternimmt nicht einmal den Versuch, Frieda zu erschnüffeln, sondern scheint die Situation mit anderen Sinnen zu erfassen.

Er geht, ohne mich zu beachten, hinaus ins Treppenhaus und starrt blind in Friedas Richtung. Er hat dabei eine Haltung, die ich noch nie an ihm gesehen habe. Eine große Irritation ist zu spüren. Ich bin mir sicher, dass er weiß, dass dieser neue Hund nicht mehr gehen wird.

Ich bringe Frieda zu einem Hundebett, das in Zukunft ihr gehört, und begrenze, nachdem sie sich hineinbegeben hat, den Raum um ihr Bett. Sie versteht diese »Platzanweisung« sofort und kaut mit leuchtenden Augen auf einem Knochen, den ich ihr anbiete, herum.

Drei Stunden, nachdem wir schlafen gegangen sind, erwache ich und schaue nach Frieda. Sie legt sich sofort auf den Rücken und wedelt mit dem Schwanz. Ich lege mich voll Freude neben sie auf den Boden. Friedas Augen weiten sich vor Schreck, und sie hechelt stark. Ich schlage mir innerlich vor den Kopf, weil ich bemerke, wie sehr ich sie mit dieser plötzlichen Nähe ängstige, und gehe wieder schlafen.

Am Morgen begrüßen mich zwei ausgewechselte Hunde. Einer, der beschlossen hat, Frieda zu ignorieren und sein Leben einfach weiterzuführen, und einer, der Neues wagt. Frieda hüpft und tollt mit einem Plüschtier umher und blickt mich grinsend an. Sie zieht dazu die Oberlippe hoch und ähnelt einem äußerst seltsamen Kamel.

Erst als ich Frieda anleine, geht ihr Schwanz wieder nach unten, und ihr Kopf duckt sich in Erwartung des unbekannten Vorhabens. Wir gehen das erste Mal zum Gassigang auf den Arnimplatz im Prenzlauer Berg. Ich laufe dabei wie auf glühenden Kohlen, denn Frieda stemmt alle vier Pfoten in das Pflaster und will keinen Millimeter in diese unbekannte Welt gehen.

Ich schleife sie hinter mir her wie eine Tierquälerin und fühle mich auch so, obwohl ich durch meine langjährige Arbeit als Verhaltenstherapeutin für Hunde weiß, dass es keine Alternative gibt. Ein so ängstliches Tier wird niemals allein zu sich sagen: »Ach was, jetzt laufe ich einfach mal ohne Angst los.«

Ohne eine gute Führung, die zeigt, dass alles in Ordnung ist, wird der Hund diese Taktik immer wieder anwenden. Bliebe ich ebenfalls stehen, würde ich Frieda damit sagen: »Stimmt, Gefahr im Verzug! Ich habe genau solche Angst wie du.«

Ich gehe jetzt also tapfer zum Arnimplatz und zerre Frieda hinter mir her, ohne stehen zu bleiben. Tatsächlich beginnt sie dadurch nach 300 Metern zu laufen, weicht jedoch panisch zurück, sobald uns ein Mensch oder Hund entgegenkommt. Im Falle der Menschen denke ich mir: »Prima, jeder Mensch, den wir ab jetzt treffen, ist ein Therapeut, weil er Frieda zeigt, dass nichts passiert.« Dieser Gedanke hilft mir, um nicht mit in das Angstgefühl Friedas hineinzugeraten.

Nicht angeleinte Hunde, die sich der sofort schreienden Frieda stürmisch nähern wollen, schicke ich energisch weg, um ihr zu zeigen, dass sie sich auf mich verlassen kann und ich in der Lage bin, Situationen konfliktfrei zu lösen. Mir ist wichtig, dass sie bei allen Dingen, die sie in Angst versetzen, deutlich meinen Schutz spürt – nicht meinen Trost!

Draußen ist ihre Angst in den ersten zwei Wochen so groß, dass sie weder groß noch klein machen kann. Dazu braucht es meine ruhige Wohnstube und einen Busch im Hinterhof.

Wenn ich spüre, dass sie den Busch im Hof aufsuchen will, müssen Viktor und ich brav im Hausflur warten. Sobald Frieda sich beobachtet fühlt, geht nichts mehr. Auch als der blinde Viktor einmal aus Versehen in den Hof tapert, seufzt Frieda tief auf und unterbricht ihr Vorhaben.

Erst wenn alles gut gelungen ist, darf ich mit einer Tüte in den Busch kriechen.

Oft führen nicht gemachte Erfahrungen in der Prägezeit eines Hundes zu mehr Ängsten als schlechte Erfahrungen. Was ein Hund gelernt hat (negative Erfahrungen) kann er häufig auch wieder verlernen. Was er in der prägenden Zeit seines Lebens NICHT gelernt hat, bleibt oft schwierig.

Als Welpe, der in einer Tüte an die Klinke des Tierheimes in Padres gehängt wurde, hat Frieda in den zwei Jahren ihres Aufenthaltes dort keine Erfahrungen mit Menschen und Umweltreizen sammeln können. Sie kennt davon NICHTS.

Friedas Hauptbeschäftigung ist anfangs die Ergründung des Wesens, das erscheint, wenn sie in den Standspiegel im Wohnzimmer schaut. Sie geht nie dort entlang, ohne zu verharren und sich tief in die Augen zu blicken. Mitunter, wenn sie sich länger Zeit dazu nimmt, legt sie sich einfach davor und blickt ihr Gegenüber regungslos an.

Auch andere Gegenstände in der Wohnung werden genau betrachtet. Frieda geht tatsächlich umher und schaut sich Wandgestaltungen, gefüllte Regale und Tischdekorationen an. Ich habe noch nie einen Hund so andächtig und lange etwas anblicken sehen.

Ein weiterer Wesenszug Friedas ist ihre Erregung darüber, dass gewohnte Dinge sich verändern. Wir gehen morgens den üblichen Weg, als Frieda vor einer Häuserwand stehen bleibt, lange daraufblickt und leise knurrt. Ich suche die Fensterfassade nach einem Hinweis ab, bis mir plötzlich klar wird, dass Frieda auf ein Graffito reagiert, das frisch an die Wand gesprüht wurde. Sie braucht drei Zurufe, um mir zu folgen, denn die veränderte Hauswand lässt ihr keine Ruhe. In der Tat zeigt Frieda alle Veränderungen an. Ein Joghurtbecher unter einem Auto, Müll, der aus einem Papierkorb quillt, ein neues Halteverbotsschild – man muss Frieda nur beobachten und sieht alle Veränderungen zum Vortag. Auch die fehlende Blumenvase, die sonst mit Blumen gefüllt auf meinem Wohnzimmertisch steht, wird bemerkt. Frieda geht immer wieder zu dem Tisch und blickt auf die leere Stelle. Ich muss tatsächlich Blumen kaufen, damit Frieda Ruhe findet.

Sie fühlt sich ganz offenbar wohl, wenn die Dinge so bleiben, wie sie sind, und wenn sie diese wiedererkennt. Das wird auch bei Begegnungen deutlich. Dieselben Menschen und Hunde, denen sie bei einer ersten Begegnung noch ängstlich ausweicht, werden beim dritten Treffen freudig willkommen geheißen. Tatsächlich zieht Frieda dann ihre

Oberlippe zu einem Grinsen hoch, lässt ihren Schwanz kreisförmig wie einen Propeller wedeln und läuft in einem sehr geschäftigen Gang los, um die »alten Bekannten« zu begrüßen.

Abends richtet Frieda ihre Schlafenszeit danach aus, ob ich mit zwei Pfannen oder einer Pfanne koche. Steht nur eine auf dem Herd, geht sie schlafen, denn Viktor beansprucht diese nach dem Kochen zum Ausschlecken. Gibt es zwei Pfannen, so bleibt sie in der Küche sitzen, um auf ihre Pfanne zu warten.

Am dritten Morgen komme ich nackt aus dem Badezimmer, und Frieda hechtet wie von der Tarantel gestochen mit einem Bocksprung zur Seite. Sie gibt dabei ein krähenhaftes Geräusch von sich, das sich später als ihr ureigener Warnlaut herausstellen wird.

Erst beim Klang meiner Stimme erkennt sie mich und kommt langsam auf mich zu. Sie berührt mit der Nase vorsichtig verschiedene Körperpartien, und ihre Verwunderung über meine Verwandlung scheint grenzenlos. Ich habe vorher noch nie darüber nachgedacht, wie seltsam unser täglicher »Fellwechsel« für einen Hund sein muss. Ganz zu schweigen von unserer Fähigkeit, dieses Fell ganz abzuwerfen.

Als ich eine Zehe bewege, springt Frieda wieder in die Luft, diesmal jedoch, um im berühmten Mäuselsprung auf meinen Zehen zu landen und hineinzuzwicken. Offenbar hält sie diese für äußerst seltene Tiere. Ich gebe einen Schmerzlaut von mir, und Frieda blickt mich erstaunt an.

Dass diese Tiere etwas mit mir zu tun haben, muss sie erst einmal verdauen.

Nach einer Woche beginnt sie, den Menschen auf der Straße erstaunt hinterherzusehen. Wäre sie selbst ein Mensch, hätte sie sicher den Mund sperrangelweit offen stehen. Dass niemand sie beachtet, scheint für Frieda ein Mysterium zu sein, da sie in ihrer Angst ständig Angriffe fürchtet.

Nach 14 Tagen macht Frieda das erste Pfützchen am Arnimplatz. Ich lobe sie wie beim Gewinn einer Goldmedaille bei der Olympiade. Ich beginne, fremde Hunde zu streicheln, um der hinter mir verborgenen Frieda zu zeigen, dass die Berliner Hunde einfach nur eine andere Art zu kommunizieren haben, als es offenbar im Tierheim in Griechenland der Fall war. Die meisten Berliner Hunde sind wie die Berliner selbst. Oft wird erst gemeckert und dann gefragt, worum es eigentlich geht. Frieda beginnt sich an meinem Arm entlang vorsichtig auf die fremden Hunde zuzubewegen und an ihnen zu schnuppern.

Als wir einen Welpen treffen, verwandelt sich die scheue Frieda in einen temperamentvollen, begeisterten Hund. Sie fordert den Welpen immer wieder zum Spiel auf und lässt sich absolut alles gefallen, was dieser in seiner Begeisterung mit ihr anstellt. Ich nehme sie daraufhin mit in die Welpengruppe meiner Hundeschule. Durch die Freude an den Welpen vergisst Frieda schnell auch ihre Angst vor den dort anwesenden fremden Menschen. Nach kurzer Zeit schließt sie Freundschaft mit den Kursteilnehmern und erntet große Bewunderung dafür, dass sie während des Trainings eisern auf ihrer Decke bleibt und diese nur auf meinen Zuruf in den Pausen verlässt. Da alle Welpenbesitzer ihren Hund gerade ebenso lange haben wie ich Frieda, macht dies den frischgebackenen Hundebesitzern Mut.

Frieda ist inzwischen freudig interessiert, wenn wir Hunde treffen, hat jedoch ein feines Gefühl für Anspannung. So mag sie es überhaupt nicht, wenn ein Hund sich ihr mit einer sehr starken Energie nähert. Stürzt dieser distanzlos auf sie zu, ertönt sogleich ihr Krähenlaut, und sie blockiert souverän den Weg des Hundes durch ihre gesamte körperliche Breitseite. Dabei berührt sie ihr beeindrucktes Gegenüber nicht einmal. Einige Kiezhunde wurden von ihr bereits zu einer höflichen Annäherung mit Stehenbleiben, Beschwichtigung und kleinem Tänzchen erzogen. Andere machen jetzt einen Bogen um sie.

Ich erfahre bei einem Gespräch mit der Leiterin des Tierschutzvereines in Duisburg, dass ein Hund, der aus demselben Ort kommt wie Frieda, von seiner deutschen Familie zurückgegeben wurde, weil er schnappte, wenn ihn die Kinder der Familie am Hinterteil berührten. Es ist wie Frieda ein sehr sanfter Hund, und sein Verhalten ist für die Familie unerklärlich und beängstigend.

»Genau das macht Frieda auch, wenn ich sie beim Bürsten am Hinterteil berühre oder ich sie versehentlich dort anfasse. Ihre Augen werden dann fast schwarz. Sie verlieren alle Sanftheit und blicken mit einer solchen Panik und ernst gemeinten Abwehr, dass ich beim ersten Vorfall dieser Art wie in einem Schockzustand war«, erzähle ich. »Ich vermute, dass sie in Griechenland von anderen Hunden oft vergewaltigt worden ist«, füge ich leise hinzu.

Nach einer kleinen Pause sagt die Tierschützerin ebenso leise: »Es waren keine Hunde.«

Ich bin erst einmal so paralysiert, dass ich gar nichts weiter dazu sagen oder fragen kann. Mir werden jedoch einige Verhaltensweisen klarer: Friedas Weglaufen, wenn ich meine Hände eincreme, ihr panisches Schreien, wenn ein Hund auf sie aufreiten will. Ich brauche lange Zeit, um diese Information zu verdauen.

Noch länger braucht es, bis Friedas eigenes Wesen durch all ihre Schüchternheit und Ängstlichkeit hindurch seinen Weg findet. Erst nach zwei Jahren macht sich ihr Schutztrieb bemerkbar, der sich darin äußert, dass Frieda beginnt, Eindringlinge von Plätzen fernhalten zu wollen, an denen ich länger als zwei Minuten stehen bleibe. Frieda nimmt dann sofort einen Beobachtungsposten vor uns ein und warnt jeden Hund, der sich nähern will. Wäre der Hund bereits in unsere Gruppe aufgenommen, würde auch er Friedas Schutz genießen. Ich hätte ein ernstes Problem, wenn Frieda sich nicht bereits durch einen »Wimpernschlag« meinerseits stoppen ließe, denn natürlich müssen auch fremde Hunde einen Ort passieren können, an dem wir gerade stehen, sitzen oder lagern.

In einem Hunderudel hätte Frieda ganz sicher die Funktion einer »Polizistin« inne, die ALLES sieht und dafür sorgt, dass Sicherheit herrscht. Dabei hielte sie sich sehr streng an ihre eigenen Gesetze (wenn der Leithund keine anderen aufstellen würde). Am wohlsten würde sich Frieda sicher fühlen, wenn alle Dinge so bleiben würden, wie sie und wo sie sind. Veränderungen ärgern und beunruhigen sie.

Im Augenblick besteht ihre Haupttätigkeit darin, ein Weihnachtsmanngesicht, aufgemalt auf einen kleinen, schräg abgesägten Baumstumpf im Garten einer Freundin, zu verbellen. Frieda bellt sonst nie, ihre Stimme klingt hysterisch und bricht immer wieder in einer hohen Tonlage. Seit knapp drei Jahren gehen wir nun am Garten der Freundin vorbei. Alles hatte seine Ordnung. Nie eine Veränderung. Und jetzt das. Ein Eindringling stört die Ordnung.

Ich muss mich weit wegbewegen, ehe Frieda sich entschließen kann, das Objekt ihrer Empörung zu verlassen. Der unbekannte Baumzwerg regt sie so auf, dass sie noch 500 Meter weiter vor sich hin wufft und vorwurfsvoll zurückblickt.

Sie kann nicht wissen, dass Weihnachten bald vorbei und ihre Weltordnung dann wiederhergestellt sein wird.

Raumschiff Tinka

Tinka lebt in einem eigenen Kosmos. Dieser Kosmos ist bevölkert mit Menschen, die nur deshalb mit Händen ausgestattet wurden, um Tinka zu streicheln.

Auch Füße wurden zu diesem Zwecke geschaffen. Sitzen Menschen mit übereinandergeschlagenen Beinen auf einer Parkbank, kann Tinka ihren weiß-roten Kopf unter den Fuß des überhängenden Beines schieben und selig am Schuh hin und her reiben. Danach habe ich einen glücklichen Hund mit schwarzem Kopf.

Auch die wunderbare Einrichtung des Schnürsenkelbindens wurde deshalb erdacht, damit Tinka ihren Kopf zwischen die jeweiligen Hände schieben kann.

Menschen verlieren nur deshalb Dinge, um beim Aufheben des Gegenstandes noch kurz Tinkas Kopf zu kraulen, der sich blitzartig über das Verlorene schiebt.

Auch das Öffnen und Schließen von Kartons, Kisten und flachen Truhen sorgt für Hände, die in Bodennähe kommen, um dort Tinkas Kopf vorzufinden.

Blickt ein Mensch Tinka eine Hundertstelsekunde lang an, so äußert er damit das dringende Bedürfnis, sie zu streicheln. Andernfalls hätte er sie ja nicht so lange angeschaut.

Spürt sie eine halbe Stunde lang keinen Blick bzw. keine Hände auf sich ruhen, wirft sie die krummen Vorderbeinchen wie Ringerarme in die Luft, geht auf den Hinterbeinen zu einem sich darbietenden Passantenbein und dockt an. Sie presst ihren kleinen Sieben-Kilo-Körper so fest an den fremden Menschen, dass dieser den Eindruck gewinnt, Tinka hat ihr ganzes Leben auf ihn gewartet.

Hat sie auch. Auf jeden Einzelnen.

Tinka findet im Dezember 2009 zu uns, und ein riesiges Streichelparadies tut sich auf, als sie im Januar 2010 zum ersten Mal als Besucherin mit zur Therapiehunde-Arbeit ins »Haus am Park« kommt.

Während Viktor und Frieda gespannt auf ihre erste Aufgabe warten, starrt Tinka mit glasigen Augen in die große Runde. Das Angebot streichelwilliger Hände überwältigt selbst sie. Sie wedelt aufgeregt mit dem Stummelschwanz, überträgt die Bewegung auf ihr Hinterteil, dann auf den ganzen Körper und hat nun so viel Raketenantrieb, dass sie vier Meter nach vorn schießt und dort am Bein einer Frau andockt. Dabei schnauft sie laut ihr Glück heraus.

»Ich auch!«, schreit eine andere Frau empört, weil Tinka ausgerechnet deren Erzfeindin zur ersten Landung auswählte. Tinka rast zu ihr, hopst und landet auf deren Schoß. Die sonst so streitlustige Frau erstarrt, bricht kurz darauf in Tränen aus, umarmt den Hund und ruft sehr gerührt: »Sie hat mich lieb, sie hat mich lieb.«

Jeden Donnerstag um 10 Uhr findet nun seit einem Jahr für Tinka das Himmelreich auf Erden statt, unterbrochen nur von Übungen, die leider auch zur Arbeit eines Therapiehundes gehören. Dazu gehört beispielsweise, im Kreis zu warten, während ich eine neue Übung vorbereite.

Nun gibt es auch Einbrüche in Tinkas Kosmos, die schwerwiegend sind und gegen die ihrer Meinung nach etwas unternommen werden muss – zum Beispiel, wenn ein anderer Hund gestreichelt wird.

Ich knuddele einen acht Wochen alten Tibet-Terrier aus dem Wurf der Hündin einer Freundin. Er liegt selig auf dem Rücken und beißt mit spitzen Zähnchen in die Luft.

Ein Ernstfall für Tinka. Äußerste Alarmbereitschaft.

Sie versucht, ihren Kopf unter meine fremdgehende Hand zu schieben. Ich schiebe Tinka weg, denn sie ist jetzt gerade nicht dran.

Sie probiert es wieder und wieder. Ich schiebe sie weg. Sie muss lernen, dass es mitunter auch Pausen gibt. Da ihre Taktik nicht funktioniert, sammelt sie sich, legt sich parallel neben den Welpen und beobachtet ihn mit einem Auge. Dann beginnt sie, wie er, in die Luft zu beißen, und ich glaube, es ist keine Einbildung, dass sie sogar seinen seligen Blick kopiert.

Nun wirft sie kurze Seitenblicke auf mich, um ihre Wirkung als Welpendouble zu prüfen. Sie hat sofort Erfolg, denn meine Freundin kann nicht an sich halten und streichelt sie lachend.

Im Prinzip wäre Tinkas Kosmos damit erklärt, wenn man nicht hinzufügen müsste, dass sie in Griechenland auf einer Müllkippe gestorben wäre, wenn Tierschützer sie nicht gefunden hätten. Es gibt ein trauriges Foto von diesem Tag. Tinka, die damals auf ein Jahr geschätzt wurde, sieht darauf uralt aus. Man muss genau hinsehen, um sie vom Müll zu unterscheiden. Eine daumenbreite schwarze Eiterkruste umrahmt ihre Augen und umschließt die gesamte Nase bis hoch über die Nasenwurzel. Sie muss furchtbare Schmerzen haben.

Sie kam in das griechische Tierheim, aus dem auch Frieda stammt.

Ein Jahr lang bemüht man sich, den Grund für Tinkas entzündete Augen und die offene Nase zu finden. Dann die Diagnose: Lupus. Eine falsche Zellinformation, und der Segen der Sonnenstrahlen wird zum Fluch. In Griechenland scheint fast immer die Sonne. Ein Straßenhund hat keine Möglichkeit, sich in geschlossene Räume zurückzuziehen.

Tinka erhält in der Tierschutzstation Kortison, und die Kruste verschwindet langsam, die Entzündungen jedoch bleiben hartnäckig.

Die Tierschützer in Duisburg stellen ein Foto und ein Video der kleinen Hündin auf die Website »Tiere in Not Griechenland«.

Ich besuche die Website am 28. November 2009.

Ich suche nach einer Spielgefährtin für die immer alberner werdende Frieda.

Schaue alle Welpen an. Schaue alle Hündinnen an. (Rüden will ich Viktor ersparen.)

Gehe zu dem Link mit dem Namen »Notfellchen«.

Und ganz unten ...

Das letzte Bild ...

Es geschieht, was immer geschieht, wenn wir jemanden auswählen, um ihn zu lieben.

Nach Tinkas Ankunft stellt ein Berliner Tieraugenarzt fest, dass sie keine Lidkanten mehr besitzt. Der Lupus hat sie abgefressen. Dadurch rollen sich die Lider nach innen, und die Wimpern reiben ständig auf Tinkas Augäpfeln. Davon abgesehen, dass dies äußerst schmerzhaft ist und zu einer schweren dauerhaften Entzündung geführt hat, ist die Hornhaut bereits porös, und Tinka würde über kurz oder lang erblinden, wenn man diesen Zustand nicht stoppt. Eine Operation muss sein, nachdem Tinka sich eingelebt hat.

Unser Tierarzt vollbringt im Sommer 2010 ein Meisterwerk. Tinkas Lider werden nach unten gestrafft, und die Wimpern legen sich nach außen.

Bereits nach acht Tagen sind die Nähte unter den Augen verheilt. Die Entzündung geht zurück. Die ehemals ständig tränenden Augen werden trockener.

Während dieser Zeit trägt Tinka eine Plastikhaube um den Kopf, damit sie die Nähte nicht vorzeitig entfernt. Ihr Hauptproblem stellt dabei jedoch nicht die Last der Haube dar, sondern dass sie ihren Kopf in dieser Zeit nicht an Spaziergängerbeine andocken kann, weil die Haube im Weg ist.

Nach kurzer Zeit findet sie jedoch eine Technik, durch die es ihr dennoch gelingt. Sie streckt den Kopf sehr gerade nach vorn und dockt mit der offenen Seite der Haube akkurat an ein Bein an. Dieser Anblick erinnert tatsächlich an ein Raumschiff.

Vor zwei Monaten stellt der Tierarzt bei einer Ultraschalluntersuchung des Herzens einen Herzfehler fest. Ihr Herzmuskel arbeitet viel zu schwach. An mir geht diese Diagnose im ersten Moment nicht spurlos vorbei. Ich bin sehr traurig darüber, dass diesem kleinen Hund so viel zugemutet wird.

Schluchzend rufe ich eine Freundin an und erzähle ihr davon, dass Tinka nun nicht nur Lupus hat und haben wird, sondern auch noch diese Herzschwäche.

Sie sagt ganz ruhig: »Maja, beruhige dich. Sie hat das alles nun mit guter Fürsorge. Das ist wichtig.«

Ich blicke neben mich auf den Beifahrersitz meines Autos. Tinka liegt auf dem Rücken, grinst mich an und hebt ein Bein in die Luft, damit ich ihren Bauch besser streicheln kann.

Ich muss lachen.

Wie schön ist es, auch durch sie daran erinnert zu werden, was Glück ist.

Kleine Hundekunde

Da dieses Buch kein Ratgeber zur Hundeerziehung ist, sondern den Schwerpunkt darauf legt, Beziehungen von Menschen und Hunden zu beschreiben, möchte ich zum besseren Verständnis an dieser Stelle nur einige Begriffe erläutern, die ich bei meiner Arbeit verwende.

Warnen/»Stopp« sagen

Die Bedeutung des »Stopp«-Sagens ist unter Hunden von größter Wichtigkeit. Wenn ein Leithund das Rudel oder einen einzelnen Hund bei Gefahr anhalten muss, wenn er Ressourcen zum Tabu erklärt oder ein Verhalten abbrechen will, informiert er den/die Betreffenden durch einen Warnlaut. Dieser ist häufig ein Knurren, mitunter jedoch auch ein anderer Ton – zum Beispiel ein Krähen bei meiner Hündin Frieda. Auch hier geht es mehr um die Energie, die der Hund dabei ausstrahlt, als um die Art des Tons.

Jeder Welpe und jeder Schnösel kann knurren, und kein souveräner Hund wird darauf hören. Im Übrigen knurren nicht alle Hunde. Es gibt auch Hunde, die ohne Vorwarnung handeln, oder Hunde, die sich mehr durch Bellen äußern.

Wir Menschen wachsen mit einer völlig anderen Art zu kommunizieren auf.

Uns wird von Kindesbeinen an erklärt, was wir zu tun haben. Auch wir erklären anderen unser Tun und was sie zu tun haben – und ich erkläre Ihnen gerade die Hundesprache.

Wir sagen zum Beispiel zu unserem Hund: »Geh auf deinen Platz. Mach Sitz. Und Bleib!«

Fast alle Hunde auf dieser Welt sitzen nach diesen Anweisungen sehr angespannt und abwartend auf dem vorgegebenen Platz und warten auf die Auflösung.

Genauso würde es Ihnen gehen, wenn ich Ihnen eine Aufgabe wie die folgende gäbe: Liebe Leserin, lieber Leser, lächeln Sie bitte – jetzt!

…

Weiter.

…

Weiter.

…

Weiter lächeln.

Lange haben Sie das nicht durchgehalten.

Ein Leithund würde einem Hund keine Aufgabe geben, indem er ihn an der Stelle, an der der Betreffende bleiben soll, etwas tun lässt (»Bleib«). Es geht ja genau darum, dass es für den Hund gerade *nichts* zu tun gibt.

Besser wäre also, Sie würden den Raum um den Platz, auf dem Ihr Hund bleiben soll, zum Tabu erklären. Das können Sie mit einem Stopp-Geräusch, wenn der Hund den Platz verlassen will.

Ich empfehle Ihnen kein Knurren, sondern ein Geräusch wie »Bscht« oder »Scht«, denn die Wörter »Nein«, »Pfui«, »Aus« eignen sich meiner Erfahrung nach als Geräusche deshalb nicht so gut, weil wir Sprachwesen sind und ganz schnell, ohne dass wir es bemerken, hintereinander sagen: »Nein! Pfui! Aus! Lass das!« Wir sagen also mindestens viermal hintereinander »Stopp«, ohne dass eine Konsequenz erfolgt.

Bleiben Sie an einer Ampel weiter stehen, wenn diese viermal hintereinander nach Gelb wieder auf Grün schaltet? Sicher nicht. Denn dann haben Sie es mit einer kaputten Ampel zu tun, auf deren »Stopp« kein Rot folgt.

Verwenden Sie jedoch ein Ihnen nicht so geläufiges Geräusch wie »Bscht«, »Sssst« oder »Scht«, konzentrieren Sie sich für gewöhnlich besser darauf, dass – falls der Hund nicht mit dem aufhört, was er gerade tut – umgehend eine Konsequenz passieren muss. Der Hauptfehler der meisten Menschen besteht darin, dass sie entweder zehnmal »Stopp« sagen, ohne dass eine Konsequenz folgt, wenn der Hund nicht stoppt, oder dass sie, erst nachdem sie furchtbar genervt sind, oft ohne Warnung sehr unangemessen maßregeln. Wenn Sie sich souverän verhalten wollen, sagen Sie immer erst »Stopp« (»Bscht«, »Ssst«, »Scht«) und handeln dann, falls der Hund nicht mit dem aufhört, was er gerade tut, umgehend. Jeder Hund ordnet ganz instinktiv ein »Stopp«, oder wie es in vielen Hundebüchern auch genannt wird, ein Abbruchsignal, dem zu, was er GERADE tut.

Als Konsequenz dafür, dass der Hund nicht reagiert, eignet sich ein Abschnappen nach Menschenart oder eine Bewegungseinschränkung.

Abschnappen

Die Leithündin Laska in meinem russischen Rudel agierte fast ausschließlich mit einem Abschnappen, wenn auf ihr Knurren hin die Aktion nicht beendet wurde, die sie zu stoppen versuchte.

Dabei ging sie zwar sehr beherzt, aber niemals unangemessen zur Sache. Nie hat sie einen anderen Hund dabei verletzt. Sie führte das Ganze mit einer sehr gezielten Beiläufigkeit aus. Zack hin, kurz mit dem Maul und ohne verletzenden Druck der Zähne hingelangt, zack wieder weg, sobald der andere Hund beschwichtigte.

Sie können so ein Abschnappen imitieren, indem Sie einfach mit zwei gestreckten Fingern (ich nehme immer Zeigefinger und Mittelfinger) einen kurzen, deutlichen Impuls auf den Körper des Hundes ausüben. Schnippen Sie sich einfach probeweise an den Oberarm, um die Wirkung selbst zu testen. Achten Sie jedoch darauf, nicht den Kopf des Hundes zu treffen, sondern irgendeine Stelle an der Seite des Körpers oder vorn am Brustbein, damit Sie nicht versehentlich ein Auge treffen. Eine kräftigere Variante davon wäre ein leichtes Zwicken, das einen leichten Biss imitiert.

Bewegungseinschränkung

Mein russischer Leithund Wanja arbeitete weniger mit dem Abschnappen als vielmehr mit Bewegungseinschränkungen jeglicher Art.

Mit einer Bewegungseinschränkung bezeichne ich jede eigene Bewegung, die den anderen in seiner Bewegung einschränkt.

Je nach Hund und Situation geht diese vom Kopfnicken über einen Schritt auf den Hund zu bis hin zum »in den Hund hineinrempeln«.

Nach meiner subjektiven Beobachtung ist dies bei souveränen Hunden die häufigste Maßnahme, um eine Grenze zu setzen. Da Hunde kleiner sind als wir, neigen wir dazu, uns beim Nach-vorn-Gehen nach unten zu bücken. Das jedoch drückt in der Körpersprache des Hundes eine Drohung aus, die nicht angemessen ist. Wichtig ist nur, eine Grenze zu setzen, nicht zu drohen. Bei einer Bewegungseinschränkung mit dem Oberkörper oder dem ganzen Körper hilft ein Ausfallschritt nach vorn, um gerade zu bleiben und nicht in diese gebückte Haltung zu geraten.

Auch wir agieren täglich mit und reagieren auf Bewegungseinschränkungen, hinter denen die jeweilige Energie zu erkennen ist. Wenn wir zum Beispiel in einem vollen Einkaufszentrum oder auf einem belebten Fußweg laufen, entscheiden wir im Bruchteil einer Sekunde, wer wem ausweicht. Wir würden ohne die instinktive Fähigkeit, die Energie unseres Gegenübers wahrzunehmen, ständig zusammenstoßen. Läuft ein Mensch sehr energisch, werden wir für gewöhnlich ausweichen – es sei denn, wir sind Schnösel und wollen nun gerade zeigen, wer hier am energischsten ist. Kommt uns jemand mit hängenden Schultern entgegen, laufen wir, ohne auszuweichen, geradeaus weiter.

Dies ist eine der wenigen Handlungen, über die wir – genau wie Hunde – NICHT nachdenken. Deshalb gelingt sie uns so gut!

Würde es Ihnen bei der Führung Ihres Hundes gelingen, genauso wenig zu denken und in Momenten der Entscheidung instinktiv mit Ihrer Energie »geradeaus zu laufen, ohne auszuweichen«, hätten Sie es schon geschafft. Mehr bedarf es nicht, dass Ihr Hund ebenfalls instinktiv reagiert und Ihrer Energie folgt.

Beobachten Sie auch einmal, wie die Begrüßung zwischen einer hohen Führungskraft und einem ihm unterstellten Mitarbeiter in der Menschenwelt vor sich geht.

Der Mitarbeiter wird instinktiv innehalten und warten, bis die Autoritätsperson auf ihn zukommt.

Ginge er ungebremst dicht an seinen Chef heran, würde er den ihn umgebenden Autoritätsraum empfindlich verletzen und das durch die Reaktion seines Chefs sofort zu spüren bekommen.

Hunde sind sich der Bedeutungen dieser Interaktionen viel stärker bewusst, als wir es sind. Wenn ein Hund Sie anrempelt (viele Menschen nennen es auch »Anspringen aus Freude«), um Sie zu maßregeln, und Sie ignorieren das oder weichen zurück, kann Ihr Hund nur den Eindruck gewinnen, dass Sie hier keinesfalls die Führungskraft sind. Dürften Sie Ihrem Chef auf den Hintern hauen, würde Ihnen die Vorstellung, er könne Sie führen, auch schwerfallen.

(Anmerkung: Nicht jedes Anspringen eines Hundes bedeutet eine Maßregelung.)

Am wichtigsten jedoch, neben der guten Ausführung einer Bewegungseinschränkung, ist, welche Energie man dabei ausstrahlt. Als ehemalige Liedermacherin und Sängerin könnte ich Ihnen dasselbe Lied einmal mit perfekter Technik, aber emotional völlig ausdruckslos vorsingen und ein zweites Mal technisch nicht perfekt, aber mit absolut überzeugendem Ausdruck. Sicher werden Sie sich für die Variante mit Emotion entscheiden, wenn Sie Emotionen lieben. Genau darin liegt auch unsere Chance bei Hunden. Niemals werden wir technisch besser sein als ein Hund selbst, was seine eigene Sprache betrifft. Aber unsere Chance ist es, mit unserer Energie zu überzeugen, mit einer gelassenen, souveränen und entschiedenen Emotion.

Energie

Die Energie, die es mir bisher ermöglichte, mit allen Hunden gut arbeiten zu können, hat etwas mit der Ausstrahlung von Bestimmtheit zu tun. Damit meine ich, dass man selbst weiß, was man tut, und davon überzeugt ist, dass es in diesem Moment das Richtige ist.

Weder eine aggressive noch eine zu schwache Energie können einen Hund davon überzeugen, dass man souverän und in der Lage ist, die Gruppe zu schützen.

Wenn Sie mit einer Gruppe Menschen mit dem Flugzeug abstürzen, wie durch ein Wunder überleben und im Dschungel landen, würden Sie auch nicht *den* Menschen als Führer durch das unbekannte Gebiet wählen, der am lautesten herumschreit, oder den, der am nettesten ist. Auch die Kraft eines Bodybuilders oder die Intelligenz eines Physikprofessors haben nichts mit Führungskompetenz zu tun. Sicher wird Ihre Gruppe den wählen, der am ruhigsten bleibt und die erste gute Entscheidung im Sinne aller trifft. Diesem Menschen ist zuzutrauen, dass er auch in weiteren Situationen den besten Überblick behält und das Überleben der Gruppe sichert.

Okay

Wichtig ist auch, einem Hund nach einem »Stopp« mitteilen zu können, dass er jetzt wieder machen kann, was er will. Ein Leithund würde einfach die Energie »wechseln«

und nach der konzentrierten Energie, die es für ein »Stopp« braucht, Entspannung demonstrieren.

Da wir Gefühle oft mit Sprache herbeiführen, nutzt es den meisten Menschen, »Okay« zu sagen, weil sie in diesem Moment tatsächlich auch mit dem Körper diese entspannte Haltung (»alles ist okay«) ausstrahlen. Ein Pantomime könnte das natürlich auch ohne Worte.

Wenn Ihr Hund also zum Beispiel im Park kurz hinter Ihnen laufen soll, dann aber wieder machen kann, was er will, probieren Sie es mit einem überzeugten und fröhlichen »Okay«. Sie werden sehen, dass er die Auflösung des »Stopp« wie selbstverständlich versteht. Die Ausnahme bilden ängstliche und unsichere Hunde, die oft mehrfach durch ihre Körpersprache anfragen, ob sie jetzt tatsächlich aus dem »Stopp« entlassen sind.

Ich arbeite bei Hunden grundsätzlich nur mit zwei Geräuschen: »Scht« und »Okay«. Mehr brauche ich nicht. Alle Alltagssituationen sind damit lösbar.

Konditionierungen

Wenn Ihr Hund mit Leckerchen konditioniert wurde, funktionieren alle konditionierten Signale wie »Sitz«, »Platz« oder »Bleib« genau so lange, bis ein größeres Leckerchen vorbeikommt. Das kann wahlweise ein Eichhörnchen, ein Hase, ein Wildschein, ein Vogel, ein Reh oder ein anderer Hund sein.

Sich bewegendes Wild ist für einen Hund noch aus einem anderen Grund der Jackpot. Es gibt nämlich wenig mehr Belohnung für einen Hund, als zu jagen. Falls ein Hund nur einen wenig ausgebildeten oder gar keinen Jagdtrieb besitzt, hat er garantiert ein anderes Hobby, gegen das Sie mit einem Leckerli und Lob nicht ankommen. Er hat auch keinen Grund, auf Sie zu hören, denn er folgte ja bisher nicht Ihnen, sondern nur der positiven Bestätigung (dem Leckerli), und die gibt ihm ein Hase in vollem Umfang.

Alle Signale wie »Sitz«, »Platz«, »Bleib«, »Komm« usw. beruhen auf einer Konditionierung. Dessen muss man sich bewusst sein. Ein Leithund sagt zu einem anderen Hund nicht »Sitz« und gibt ihm dann ein Leckerli. Er erreicht durch Führung, dass ein anderer Hund an seinem Platz verbleibt, wenn er das so will. Dazu muss der Hund nicht sitzen.

Signale sind wunderbar dafür geeignet, einen Hund schnell in eine gewünschte Körperposition zu bringen. Auch als geistige Beschäftigung (Erlernen von Tricks) eignen sie sich gut. Vergessen Sie dabei nicht, dass »Platz« für den Hund genauso wie die »Rolle« auch nur ein erlernter Trick ist. Lenken können Sie ihn damit nicht immer zuverlässig, weil Sie sich nur auf einer konditionierten Lernebene mit ihm befinden und nicht auf einer Gesprächsebene in seiner Muttersprache.

Ein Hund, der eine schwere Angststörung hat, ist für gewöhnlich nicht an einem Leckerli interessiert, wenn er dem Objekt oder Subjekt seiner Angst begegnet. Auch da versagt eine Gegenkonditionierung oder Desensibilisierung durch Leckerlis, weil der Hund diese gar nicht haben will.

Können Sie sich denselben Hund, der zitternd oder panisch bellend hinter oder vor seinem Menschen läuft, in einem Hunderudel vorstellen? Ich habe so ein panisches

Angstverhalten noch niemals beobachten können, wenn ein *Hund* das Rudel führt.

Nehmen wir mal an, ich konditioniere Sie darauf, fortan an jeder Bushaltestelle zu bellen. Sie erhalten dafür jedes Mal 10 Euro von mir.

Das ist eine sinnentleerte Handlung, jedoch schnell verdientes Geld. Außerdem zeige ich danach immer, dass ich total begeistert von Ihnen bin.

Eines Tages jedoch steht an einer Bushaltestelle ein Mensch und verschenkt 100-Euro-Scheine. Sie vergessen das Bellen und rennen dahin, wo es mehr gibt als bei mir. Ich schreie: »Hierher! Bellen!«

Sie hören mich nicht. Zum einen sind Sie im glückseligen Rausch Ihrer ergatterten Scheine, zum anderen haben Sie nicht den geringsten Grund, auf mich zu hören. Es passiert ja nichts, wenn Sie es nicht tun, also können Sie selbst entscheiden, wann es sich lohnt, auf mich zu hören.

Hinzu kommt, dass das Bellen an einer Bushaltestelle sicher nicht zur ureigensten Form Ihrer Kommunikation zählt, und Sie es schon deswegen in einer emotional aufgeladenen Situation einfach schnell vergessen.

Die Handlung selbst ergab nie einen Sinn. Doch etwas Positives passierte. Sie bekamen Geld, und ich zeigte Ihnen meine Begeisterung. Das Gehirn ist darauf programmiert, positive Dinge zu wiederholen. Daraus entsteht die positive Konditionierung.

Die positive Konditionierung funktioniert jedoch nur so lange, bis nicht noch etwas Positiveres oder für das jeweilige Wesen Ureigenes passiert.

Schleppleine

Ich verwende Schleppleinen in Form eines leichten Gurt-bands aus dem Baumarkt und einen angeknoteten Karabi-ner zum Befestigen am Halsband oder Geschirr (preiswerte Variante) – sehr gerne auch Schleppleinen aus Leder.

Die Schleppleine dient in meiner Handhabung der Hunde nur als Ersatz für die zwei Beine, die mir fehlen, um die Schnelligkeit eines vierbeinigen Hundes zu erreichen. Sie ist einfach am Hund befestigt, schleift auf dem Boden hinterher und sollte an das Gewicht und die Größe des Tie-res angepasst sein. Einem Chihuahua hänge ich also keine schwere Lederleine an und einem Ridgeback kein dünnes Gurtband. Der Hund soll sich frei und nicht behindert füh-len. Draußen ist für die meisten Anlässe eine Länge von 5 Metern ausreichend, drinnen reichen 2 Meter.

Ich benutze die Schleppleine nicht, um einen Hund he-ranzuziehen, sondern zur Sicherung des Hundes, und ich nehme dazu nur den Fuß. Wichtig ist, dass man als Mensch im Umgang mit dem Hund »körperlicher« wird und so in Erscheinung tritt. Weder sagt eine Leine, an der man ruckt, dem Hund, was man will, noch kann ein Leckerchen als Ablenkung ausdrücken, was man gerade nicht wollte. Wir selbst jedoch können es. Nur haben wir ganz vergessen, dass wir zur Kommunikation auch einen Körper haben, genau wie unsere Hunde.

Anhang

Falls Sie sich für den von mir erwähnten Verein interessieren, um in Not geratenen Hunden zu helfen, können Sie sich an folgende Adresse wenden:

Tiere in Not Griechenland e. V.
Susanne Löttgen
Oranienstraße 16
47051 Duisburg
Tel: 02 03 / 34 48 03
E-Mail: susanne.loettgen@tiere-in-not-griechenland.de
www.tiere-in-not-griechenland.de

Unsere Leseempfehlung

352 Seiten
Auch als E-Book
erhältlich

In wunderbaren Bildern und Geschichten erzählt die Hundeflüsterin Maike Maja Nowak von ihren Anfängen: Abgeschnitten von der Welt, lebt sie im russischen Bauerndorf Lipowka, an ihrer Seite Wanja, der Leithund eines wilden Rudels. Von seinem Beispiel fasziniert, beginnt sie sich immer weiter einzufühlen in die Kunst, Hunde zu führen. Ein spannendes Buch, das die Einfachheit und Natürlichkeit einer anderen Lebenswelt erfahrbar macht.

Unsere Leseempfehlung

272 Seiten
Auch als E-Book
erhältlich

Ergreifend und fesselnd erzählt die Hundeflüsterin Maike Maja Nowak von ihren faszinierenden Begegnungen mit Hunden und ihren Menschen. Mit ihrem außergewöhnlichen Einfühlungsvermögen zeichnet sie tierisch menschliche Beziehungsstrukturen nach und stellt sich und ihren Lesern die Frage: Wie viel Mensch braucht ein Hund wirklich? Und wie viel Mensch verträgt er?

Unsere Leseempfehlung

368 Seiten
Auch als E-Book
erhältlich

Ein Hund ist von Natur aus vollkommen – wenn er auch oft nicht perfekt zu unseren Erwartungen passt. Das gilt auch für Menschen: Auch wir erfüllen oft nicht die Anforderungen unseres modernen Lebens und sind dennoch vollkommene Wesen, solange wir im Einklang mit unserer Natur stehen. Maja Nowaks Erlebnisse mit dem Leithund Raida stehen im Zentrum dieses Buches und machen deutlich, wie Hunde uns lehren können, unsere Wahrnehmung zu schulen und zu dem zurückzugehen, was in jedem von uns vollkommen ist.